目指せ達人 基本&活用術

Excel基本&活用術編集部［著］

本書のサポートサイト
本書の訂正情報や補足情報などを適宜掲載していきます。
https://book.mynavi.jp/supportsite/detail/9784839979249.html

はじめに

本書はExcelを業務で使用する人に向けて、基本の操作から初心者がつまづきやすいピボットテーブルや関数まで、ビジネスで必要となる頻度が高い機能をわかりやすい操作手順とともにまとめたExcel入門書です。基本の入力やセルの扱い方はもちろん、セル範囲を効率よく指定する方法、入力を楽にするExcelワザも網羅しているので、Excelに苦手意識がある方でも、業務でわからないことがあれば本書を活用してサクっと解決することができます。

また、本書では操作の説明にExcel 2021を使用しています。Excel 2021の新機能、XLOOKUP関数やXMATCH関数、共同編集についてもくわしく解説していますので、基本の使い方をマスターしたあとは、ぜひExcelならではの機能をビジネスに活かしてください。これまで手作業でおこなっていた業務も、Excelを使えばおどろくほど効率的にできるようになることは間違いありません。

2022年3月
Excel基本＆活用術編集部

Contents
●目次

Chapter7 グラフを使って説得力ある資料を作る 135

Chapter8 ビジネス現場で試してみたい上級ワザ 151

Chapter 9 資料の作り込みに役立つ便利ワザ 175

Excelを使う上で知っておきたい画面

Excelを活用する上で必要な情報は主にChapter1にて解説をしていますが、ここでは[Backstage]ビューなど、よく使う画面についてまとめました。

■ Backstageビュー

[ファイル]タブをクリックすると表示できる[Backstage]ビューでは、新しいファイルの作成や保存、印刷など、ファイルに対するさまざまな処理を行うことができる画面です。

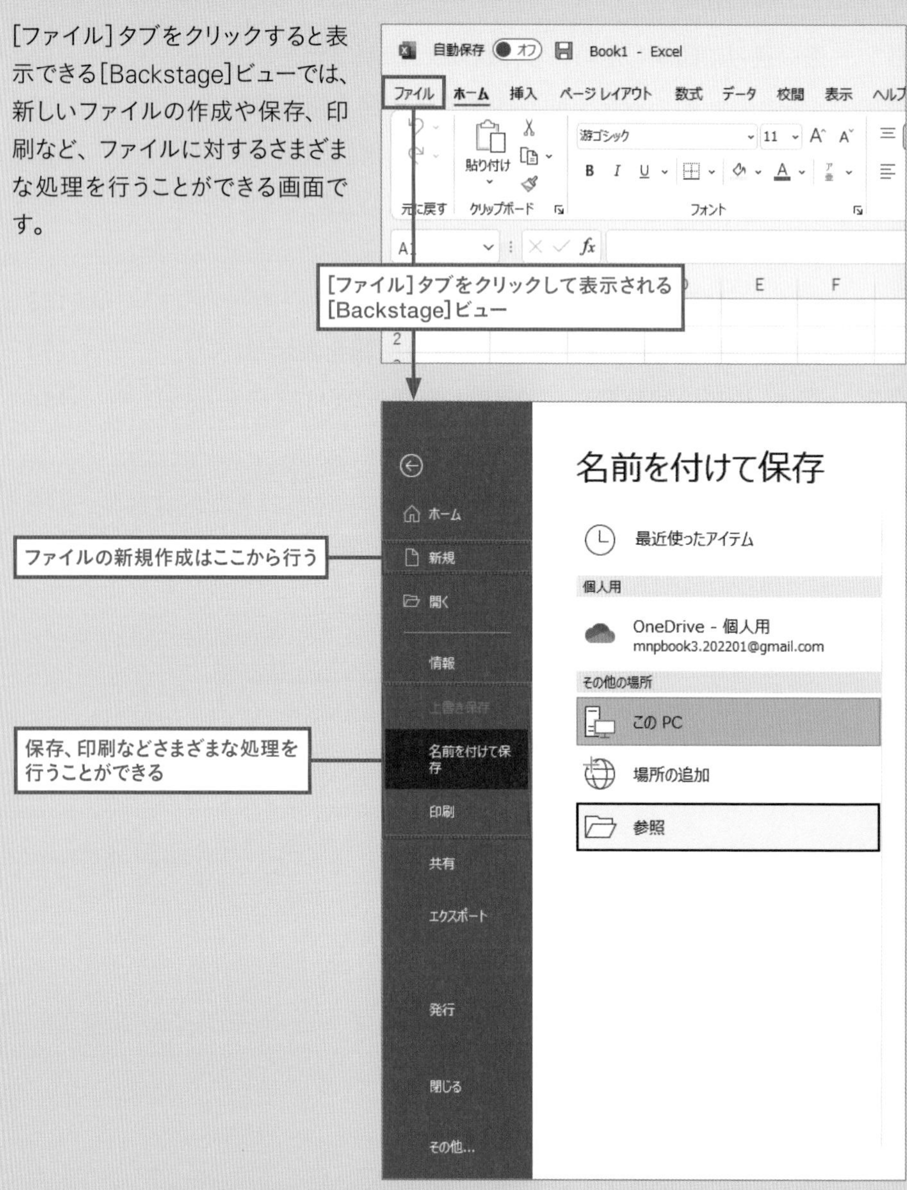

■オプション画面

[Backstage]ビューの下部にある[オプション]をクリック(画面によっては[その他]→[オプション])すると、Excelのオプション画面が表示できます。

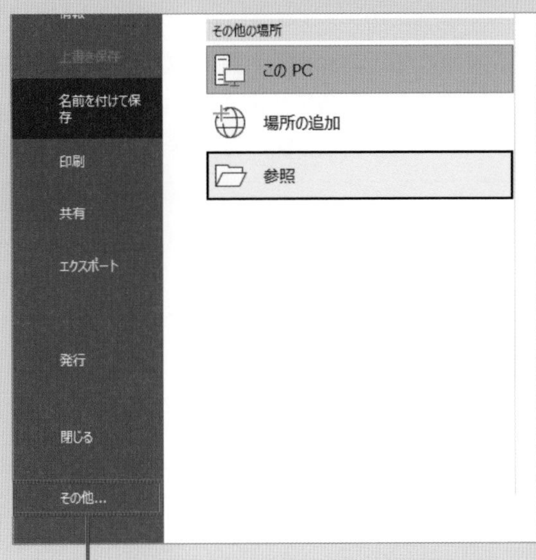

[Backstage]ビューの下部にある[オプション](画面によっては[その他]→[オプション])をクリック

Excel のオプション

全般
数式
データ
文章校正
保存
言語
簡単操作
詳細設定
リボンのユーザー設定
クイック アクセス ツール バー
アドイン
トラスト センター

Excel の基本オプションを設定します。

ユーザー インターフェイスのオプション

複数ディスプレイを使用する場合:
選択時にクイック分析オプションを表示する(Q)
リアルタイムのプレビュー表示機能を有効にする(L)
リボンを自動的に折りたたむ(N)
既定で Microsoft Search ボックスを折りたたむ
ヒントのスタイル(R): ヒントに機能の説明を表示する

新しいブックの作成時

次を既定フォントとして使用(N): 本文のフォント
フォント サイズ(Z): 11
新しいシートの既定のビュー(V): 標準ビュー
ブックのシート数(S): 1

Microsoft Office のユーザー設定

ユーザー名(U): Administrator
Office へのサインイン状態にかかわらず、常にこれらの設定を使用する(A)
Office の背景(B): 背景なし
Office テーマ(T): カラフル

OK キャンセル

[クイックアクセスツールバー]の設定(154ページ)や、入力の設定などが行える

既定のフォントサイズなどもここから変更可能

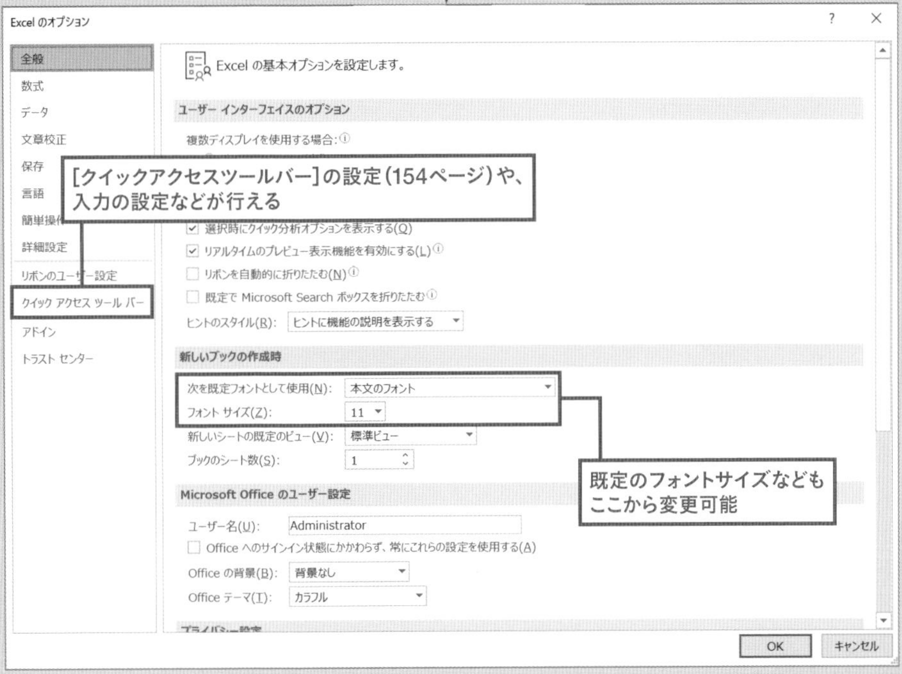

本書の使い方

◎大事なポイントが箇条書きになっているからわかりやすい!
◎詳しい操作手順でつまづきやすいポイントもしっかり解説
◎コラムとHINTで、使い方や詳しい情報を徹底網羅

重要なポイントは、
まずここで確認しましょう

ていねいな手順があるから
迷わず操作できます

06 メールアドレスやURLがリンクになってしまう

Chapter2 データ入力がすいすい進む入力ワザ

Point
- 状況に合わせてハイパーリンクを解除する
- あらかじめハイパーリンクが設定されないよう変更することもできる

アドレスやURLのリンクを解除する

メールアドレスやURLを入力すると自動でハイパーリンクが作られます。この状態でクリックするとメールソフトやWebブラウザが起動してしまうため、敢えて解除しておきたいという場合もあるのではないでしょうか。

こうしたときは、右図の操作でハイパーリンクを解除できます。

❶セルにポインターを合わせて右クリック

❷[ハイパーリンクの削除]を選択

[ハイパーリンクの削除]が表示されない

セル下に表示されている[オートコレクトオプション]ボタンをクリックし、[ハイパーリンクを自動的に作成しない]を選択しましょう。

知っておくと
便利な情報や、
効果的な使い方を
紹介しています

Column オプション画面から設定を変える

あらかじめ設定を変更しておくと、個別にハイパーリンクを解除する必要がなくなります。

❶[オプション]画面(11ページ参照)の[文章校正]で❷[オートコレクトのオプション]ボタンをクリックします。

❸[入力オートフォーマット]タブで、❹[インターネットとネットワークのアドレスをハイパーリンクに変更する]のチェックを外し、❺[OK]→[オプション画面]にて[OK]とボタンをクリックします。

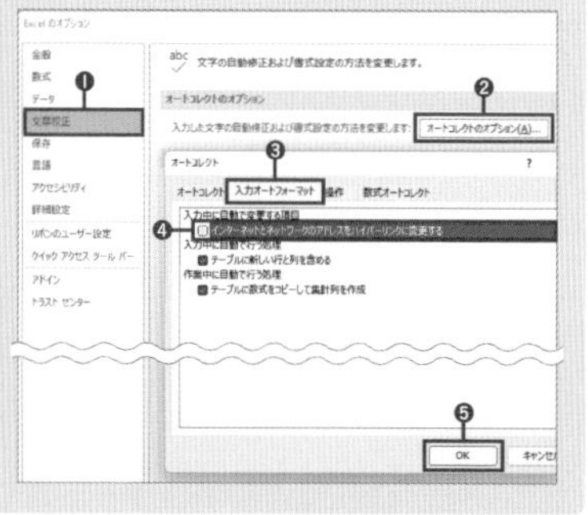

Excelを活用する上で
知っておきたい情報も
コラムで紹介

43

Chapter1

Excelを
自在に操る基本ワザ

Excelを操作する上で知っておきたいのが、画面の基本項目やセルの扱い方です。上司や取引先など、ビジネスの場面でExcel文書のやり取りがある場合、ブック（ファイル）やシートの管理は欠かせません。必要な情報を的確に届けるために、シートを非表示にしたり内容の改ざんを防ぐ方法を覚えておきましょう。

01 画面や「ブック」「シート」を理解しよう

- Excelの画面構成と機能の名称を知る
- 「ブック」と「シート」の違いを知る

Excelの基本画面をチェックしよう

Excelを便利に活用するために、まずはExcelの基本的な画面構成を把握しておきましょう。Excel特有の「ブック」と「シート」の関係についてもしっかりと理解しておきたいところです。ここではExcel 2021の画面を例に解説します。

Excelの基本画面

Excelを起動すると以下のような画面が開きます。

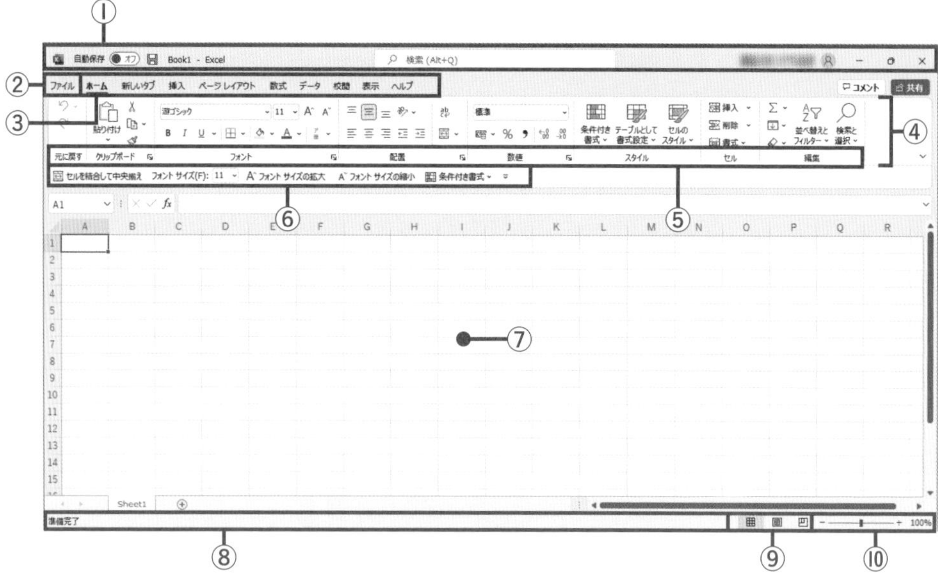

①タイトルバー	ブックのファイル名が表示されている他、Excel 2019以前のバージョンでは、クイックアクセスツールバーが表示されています
②[ファイル]タブ	ファイルの保存や印刷、設定を行うための特別なタブです
③各種機能タブ	タブごとに操作が目的別にまとめられています

④リボン	タブごとにまとめられた操作をここで選択して実行します
⑤グループ	各タブで行える操作はグループ別にまとめて配置されています
⑥クイックアクセスツールバー	よく行う操作を登録できる場所です(154ページ)。※Excel 2021以外では、タイトルバーの左横がデフォルトの位置となります
⑦シート	表やグラフなどを作成する場所です
⑧ステータスバー	操作の説明やシートの状態が確認できます
⑨画面表示ボタン	[標準][改ページプレビュー][ページレイアウト]というシートの表示形式を確認・選択できます
⑩ズームスライダー	シートを拡大・縮小表示します

ブックとシートの関係とは?

Excelのファイル(ブック)を開いたとき、画面の左下に「Sheet1」というタブが表示されています。このタブの1枚1枚をシート(Sheet)またはワークシートと呼びます。

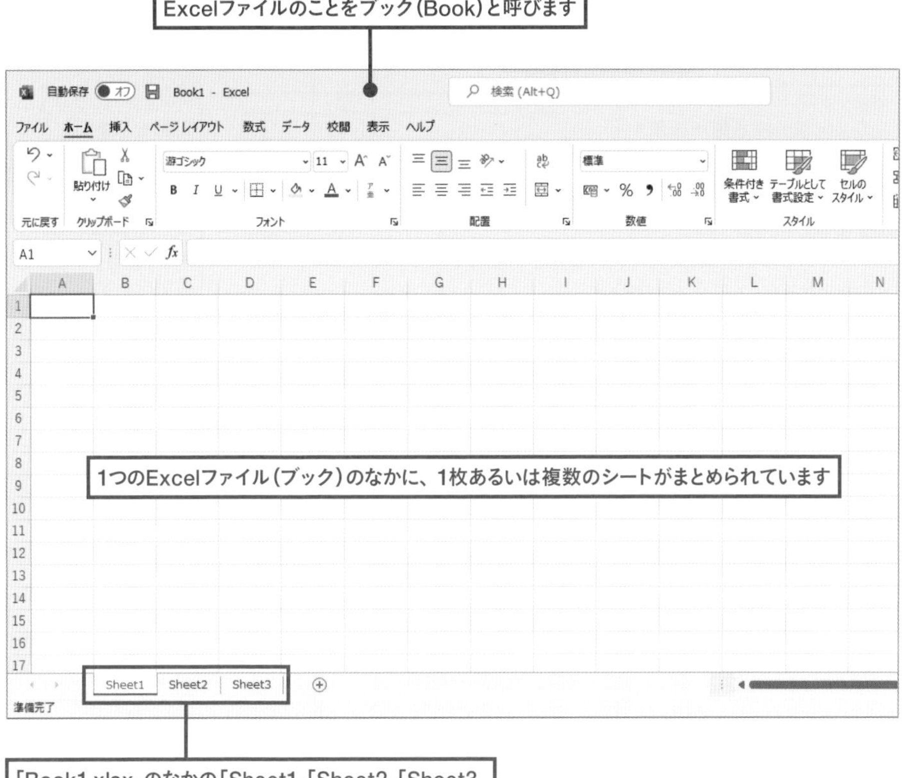

02 セルの構造を知ることがデータ入力の第一歩

Point

- セル番地はシート内のセルの位置のこと
- 列は縦方向の並び、「A」「B」「C」…と横に続いていく
- 行は横方向の並び、「1」「2」「3」…と下に続いていく

セルの構造を知ろう

Excelでは「セル」(マス目)にデータを入力して情報を管理します。その構造を理解しておくことはExcelを活用するための第一歩です。特に「列」と「行」の関係は間違えやすいもの。ここでしっかり覚えましょう。

セルの基本

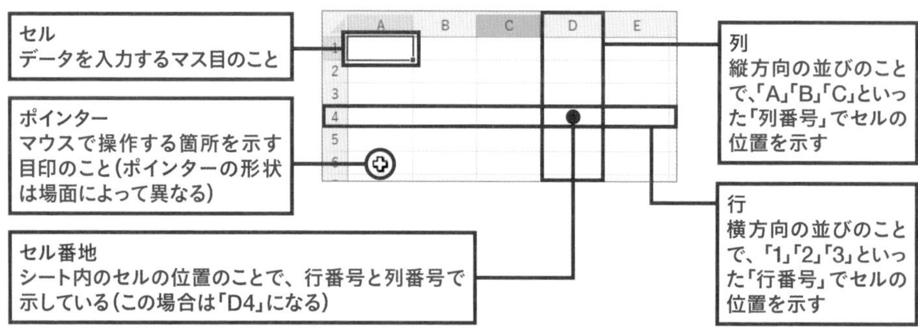
セル
データを入力するマス目のこと
ポインター
マウスで操作する箇所を示す目印のこと(ポインターの形状は場面によって異なる)
セル番地
シート内のセルの位置のことで、行番号と列番号で示している(この場合は「D4」になる)
A
B
C
D
E
1
2
3
4
5
6
列
縦方向の並びのことで、「A」「B」「C」といった「列番号」でセルの位置を示す
行
横方向の並びのことで、「1」「2」「3」といった「行番号」でセルの位置を示す

アクティブセルと入力データ

Excelのなかの1セルを選択してみましょう。するとセルが緑の太枠で囲まれたように表示されます。この状態のセルをアクティブセルと呼びます。

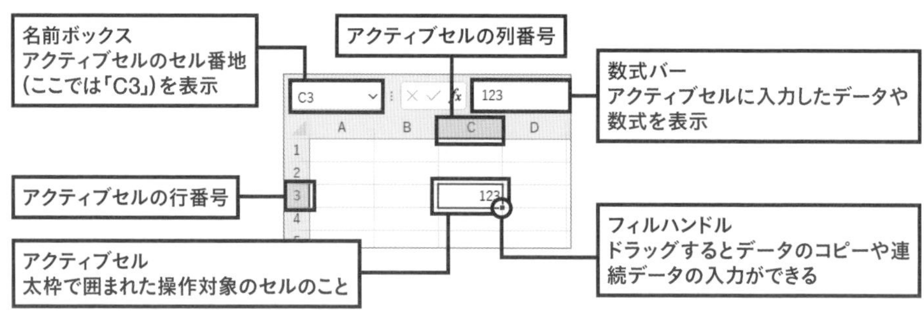
名前ボックス
アクティブセルのセル番地(ここでは「C3」)を表示
アクティブセルの列番号
数式バー
アクティブセルに入力したデータや数式を表示
C3
123
A
B
C
D
1
2
3
4
123
アクティブセルの行番号
アクティブセル
太枠で囲まれた操作対象のセルのこと
フィルハンドル
ドラッグするとデータのコピーや連続データの入力ができる

03 取引先から古いバージョンのExcelファイルを渡されたら?

●Excelの古い形式の表示を知る
●[ファイル]タブから新しい形式に変換できる

Excel 2003以前で作成されたブックは、「xls」形式のファイルとして保存されます。他のバージョンのExcelでも開けますが、データを編集した際は2021/2019/2016/2013で共通の「xlsx」形式に変換して保存しておくとよいでしょう。

1 古い形式のファイルを開く

古い形式のファイルを開くと[互換モード]と表示されています。古い形式のファイルには、シートのサイズが256列/65536行までしか入力できない、2013以降に追加されたExcelの機能を使用できないなど、さまざまな制限があります。

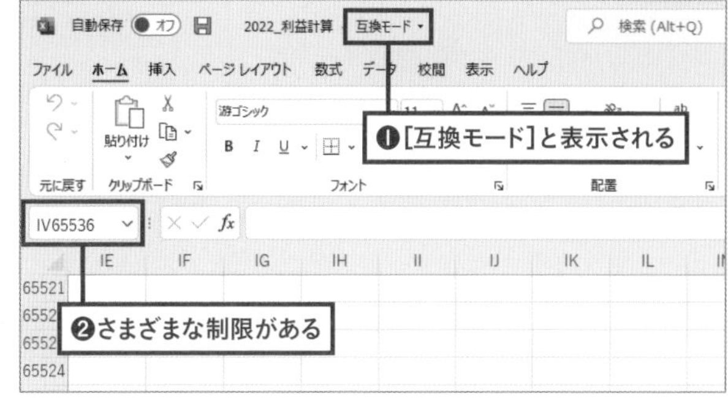

2 新しい形式に変換する

古いファイルを新しい形式に変換するためには、[ファイル]タブをクリックし、[Backstageビュー]を開きます。
左上にある[情報]を選択し、[変換]をクリックします。

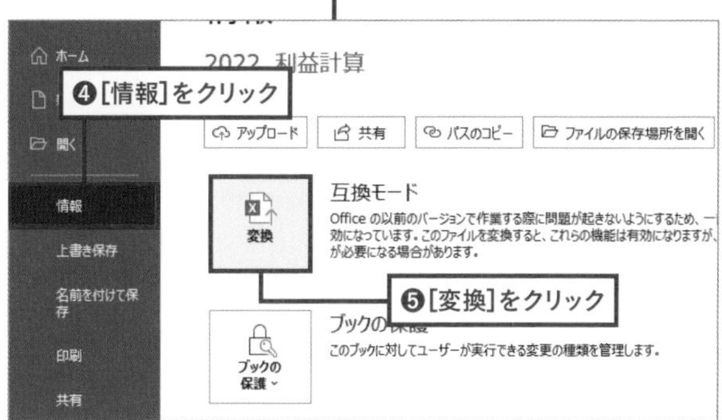

ブックの変換を確認するメッセージが表示されるので[OK]をクリックします。

保存時に互換性チェックの表示が出てしまった

古いファイル形式のまま保存しようとすると、右のような互換性チェックの表示が出てくる場合があります。
これは、「xls」形式では使用できない新しい機能を使用した場合に表示される画面です。「検索」をクリックすると該当するセルが表示されるので、新しい機能を削除して保存するか、上記のように新しい形式に変換して保存しましょう。

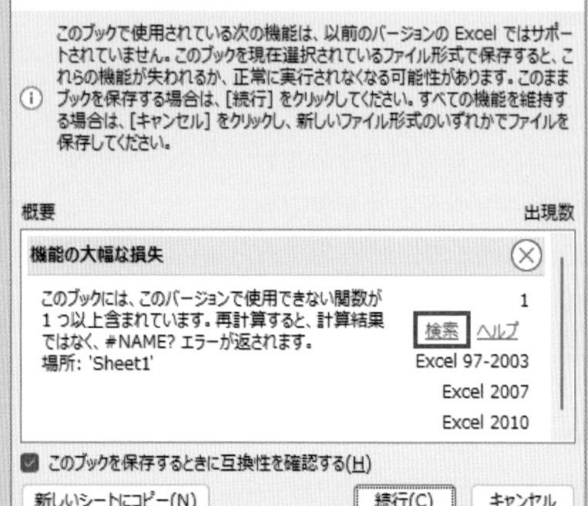

04 仕事で渡すExcelファイルはシート見出しの名前や色を修正

Point
- シート見出しのタイトルを変更してわかりやすいファイルを目指す
- シート見出しの色を変えることで注目度アップ

必要な情報が目立つ工夫をする

上司や取引先にExcelファイルを送る場合は、相手の求める情報がすぐ見つかるよう配慮したいもの。シート名は「Sheet1」のままにせず、内容を表す名称に修正しましょう。必要に応じてシートの見出しの色を変えるのも1つの手です。

シートの名前をわかりやすく変更する

シートの名前を変更するには、変更したいシート見出しをダブルクリックして、変更したい名前を入力し「Enter」キーを押して確定します。「スケジュール」「連絡事項」など、内容を表すタイトルにしておくことで、ファイルを受け取った相手がどのシートを見るべきか一目でわかるようになります。

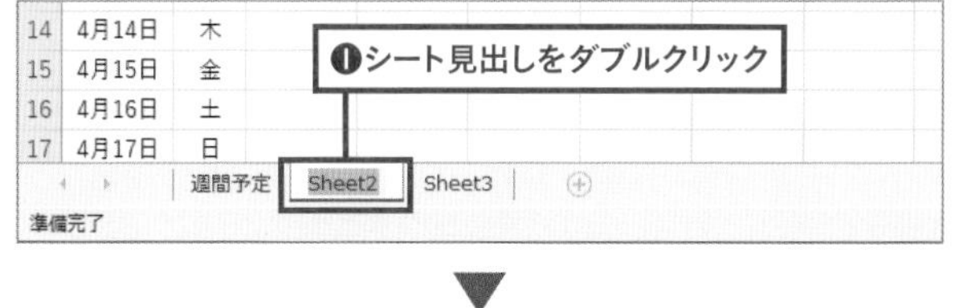

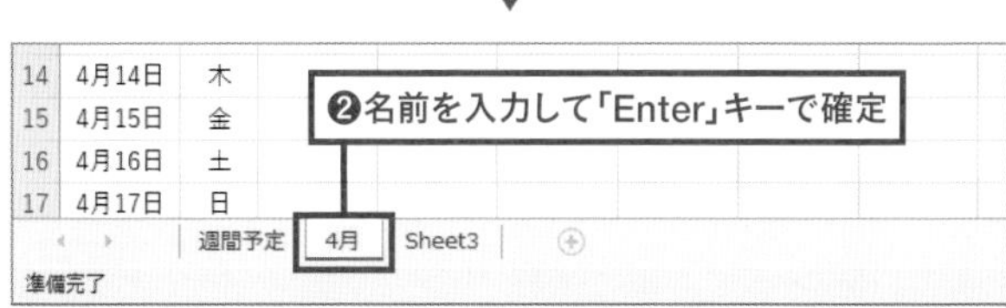

シートの見出しの色を変更する

シートのタイトル変更に加え、重要なシートは「赤」、データ参照用のシートは「グレー」など、見せたいシートを目立つ色に変更したり、重要度別に色分けしておくよいでしょう。色を変更したいシート見出しの上で右クリックして、[シート見出しの色]を選択し、変更したい色を選びます。

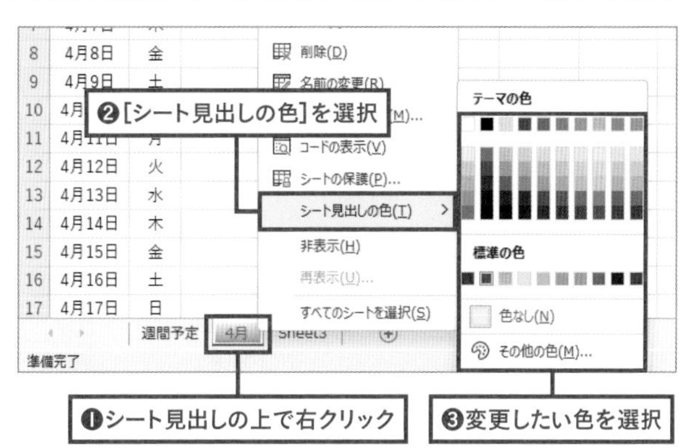

05 複数のシートにまとめてデータを入力できる効率アップワザ

Point
- シートをグループ化すると複数のシートに同時入力できる
- グループ化して入力されるセルは同じセル番地となる

複数のシートで同じ位置のセルにデータを入力したい……そんなときは「シートのグループ」を作りましょう。1つのシートに入力するだけでグループ化したシートの同じ位置のセルに同じデータが入力されます。

1 シートをグループ化する

シートをグループ化するには、シートをクリックして「Ctrl」キーか「Shift」キーを押しながら、グループ化したいシートを複数選択します。

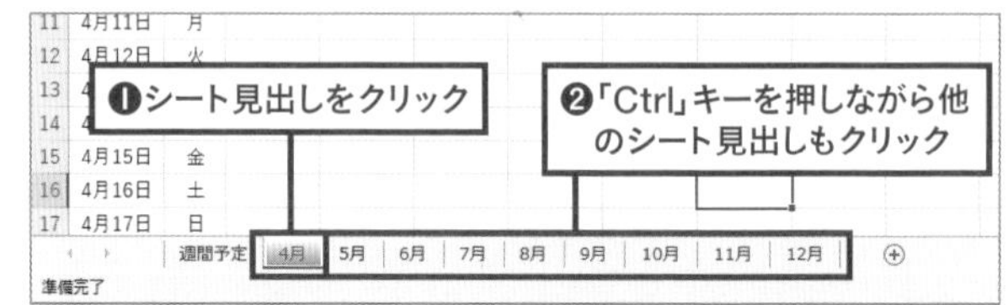

2 複数のシートがグループ化された

タイトルバーを確認すると[グループ]と表示され、シートがグループ化されたことがわかります。グループ化した状態で、「4月」のC1に「100」と入力すると「5月」～「12月」のC1にも100と入力されます。

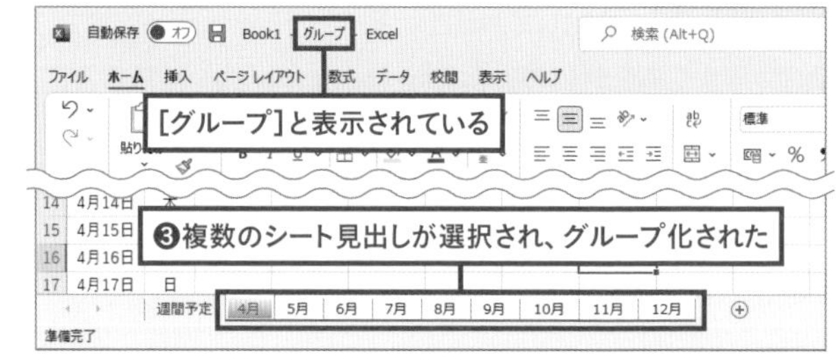

HINT シートのグループを解除するには

グループ化したシートを解除するには、❶シートのグループ内のシート見出しを右クリックして、❷[シートのグループ解除]を選択すると解除できます。

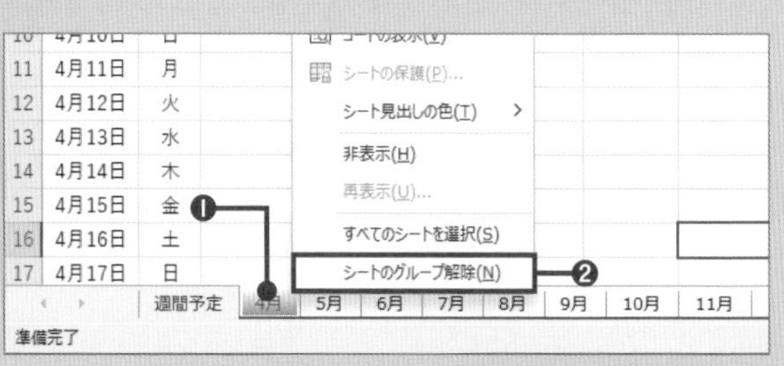

06 使わないシートをジャマにならないように隠す

- 増えすぎたシートはシートの非表示で整理する
- 必要なシートのみ表示して見やすいファイルを目指す

Excelで資料を作っていると、シートが増えてしまい、肝心のデータが見つけにくくなることがあります。あとで使う可能性があるシートでも作業の妨げになるようなら、いったん非表示にしてしまうのがオススメ。再表示も簡単に行えます。

1 シートを隠す

隠したいシート見出しの上で右クリックをし、メニューから[非表示]を選択します。

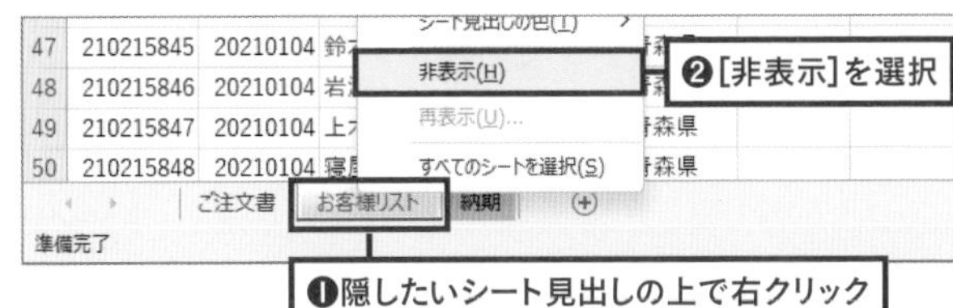

2 シートが非表示になった

隠したいシートを非表示にした結果、シートがスッキリして見やすくなりました。

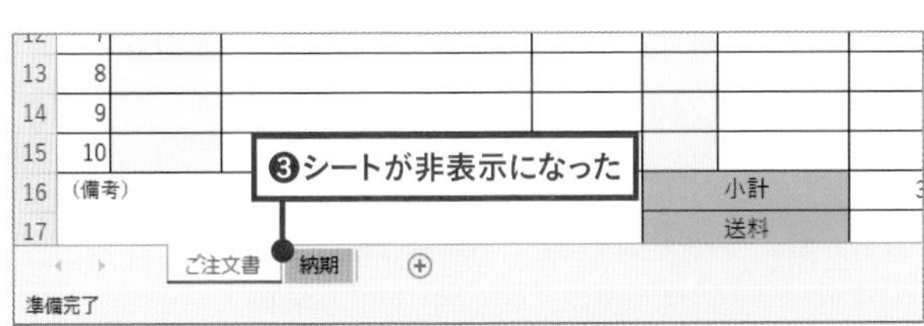

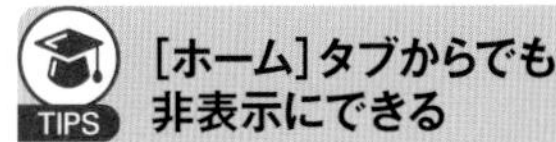

[ホーム]タブからでも非表示にできる

[ホーム]タブの[書式]から[非表示/再表示]→[シートを表示しない]を選択しても非表示にすることができます。

非表示にしたワークシートを再度表示するには

非表示にしたシートを再度表示するには、❶表示されているシート見出しの上で右クリックして、❷[再表示]を選択、❸再表示したいシートを選択して[OK]をクリックします。

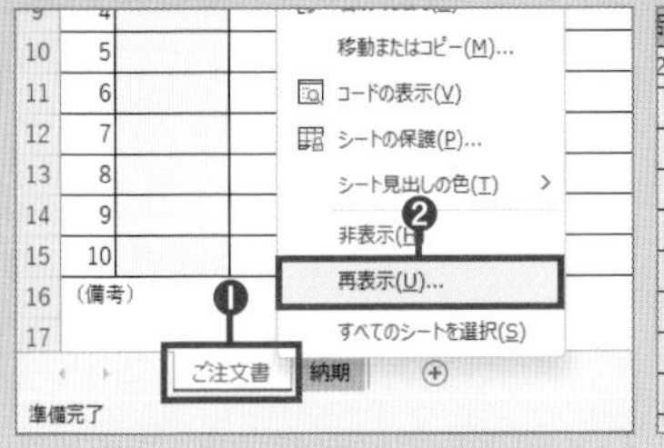

07 セルの内容を間違えて変更しないようにしたい!

- セルを保護する前に「全セルのロック解除」がマスト!
- 保護したいセルのみを再度ロックする
- 「セルのロック」と「シートの保護」の組み合わせでセルの保護が完了する

複雑な数式を誤って変更してしまう事態は避けたいものです。特に、シートを他の人と共有するときなど、変更してほしくないセルやデータは編集できないよう、必ず保護しておきましょう。セルの保護をするためには、まず全セルをロック解除の状態にしてから任意のセルをロックする必要があります。その後、24ページを参考にシートを保護しましょう。

1 全セルのロックを解除する

初期状態ではすべてのセルがロックされています。特定のセルのみをロックするため、まずはロックを解除しましょう。セル左上の[全セル選択]ボタンをクリックし、すべてのセルを選択した状態にします。その後、[ホーム]タブから[書式]を選択して[セルのロック]を選択します。

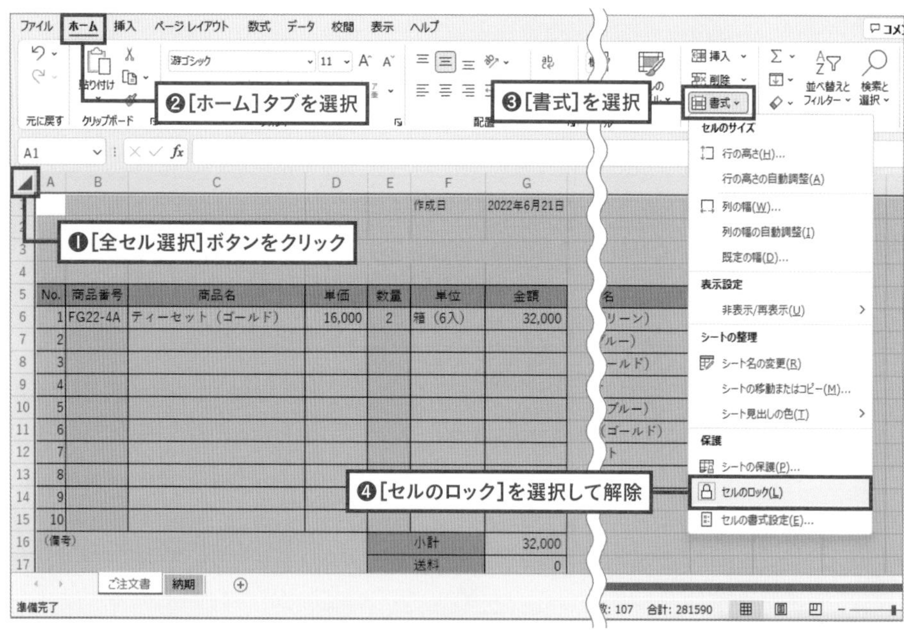

2 任意のセルのみロックする

全セルがロック解除されたら、今度は変更したくないセルを選択し、[書式]から[セルのロック]を選択します。この段階ではまだセルは書き換えが可能です。シートの保護をして完成させましょう(次ページ参照)。

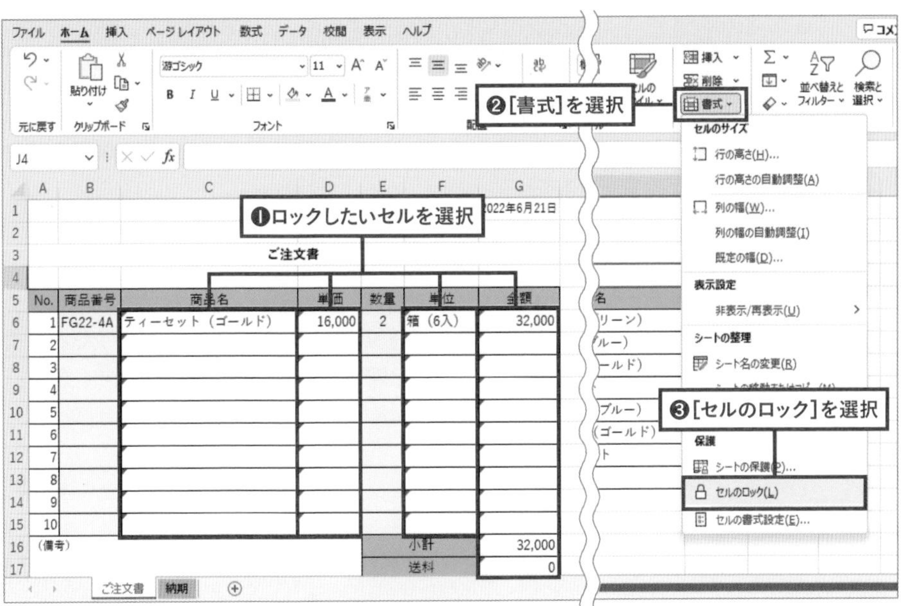
❶ロックしたいセルを選択
❷[書式]を選択
❸[セルのロック]を選択

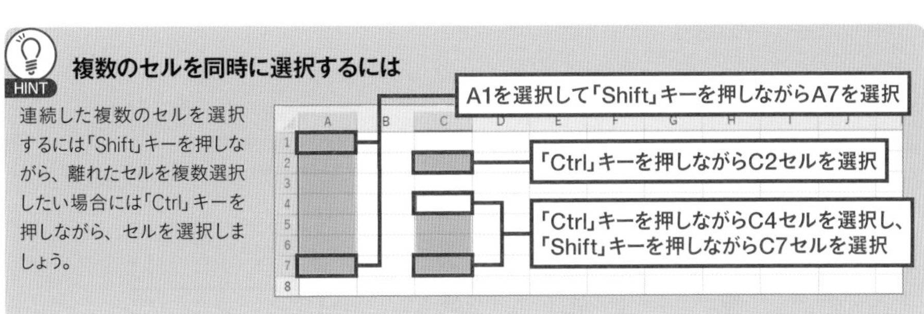

HINT 複数のセルを同時に選択するには

連続した複数のセルを選択するには「Shift」キーを押しながら、離れたセルを複数選択したい場合には「Ctrl」キーを押しながら、セルを選択しましょう。

A1を選択して「Shift」キーを押しながらA7を選択
「Ctrl」キーを押しながらC2セルを選択
「Ctrl」キーを押しながらC4セルを選択し、
「Shift」キーを押しながらC7セルを選択

TIPS 最初に全セルのロックを解除する理由

基本的にすべてのセルは初期状態でロックがかかっています。そのため、ここではいったんすべてのセルのロックを解除し、ロックしたいセルのみを指定し直しているのです。なお、全セルがロックされた状態で任意のセルを選択して[セルのロック]を選択すれば、変更を許可したい(保護しない)セルを指定することができます。

08 シートを保護してデータが変更されるのを防ぐ

- 保護したいセルのみをロックした状態で[シートの保護]をする
- シートの保護を解除するためのパスワードが設定できる
- 同様の手順で[シート保護の解除]で解除できる

前ページでセルのロック方法を解説しました。続けてシートの保護を行うことで、ロックした任意のセルが変更できなくなります。なお、[シートの保護]画面ではシートの保護を解除するためのパスワードが設定できます。

1 シートの保護を選択する

[ホーム]タブから[書式]を選択し、[シートの保護を選択]します。[シートとロックされたセルの内容を保護する]にチェックがついていることを確認し(外れていたらチェックする)、許可する操作にチェックを入れて[OK]ボタンをクリックします。

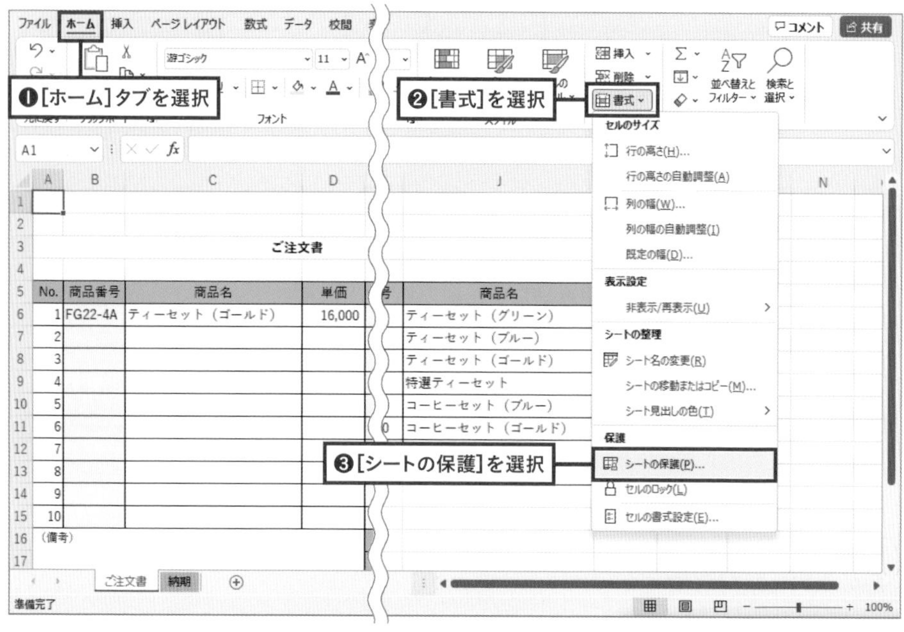

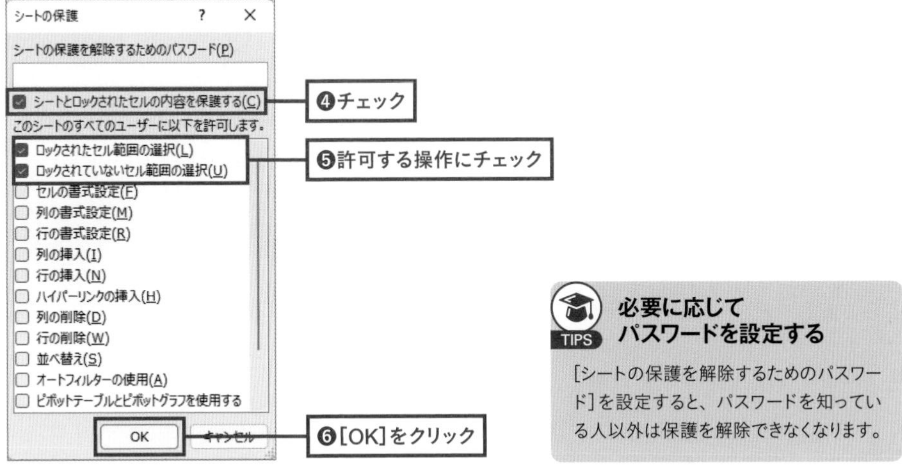

TIPS 必要に応じて パスワードを設定する

[シートの保護を解除するためのパスワード]を設定すると、パスワードを知っている人以外は保護を解除できなくなります。

2 ロック済みのセルが保護された

リボンを見ると、ほとんどのコマンドが選択できなくなっていることがわかります。ロックを解除したセルに入力のみできる状態になりました。

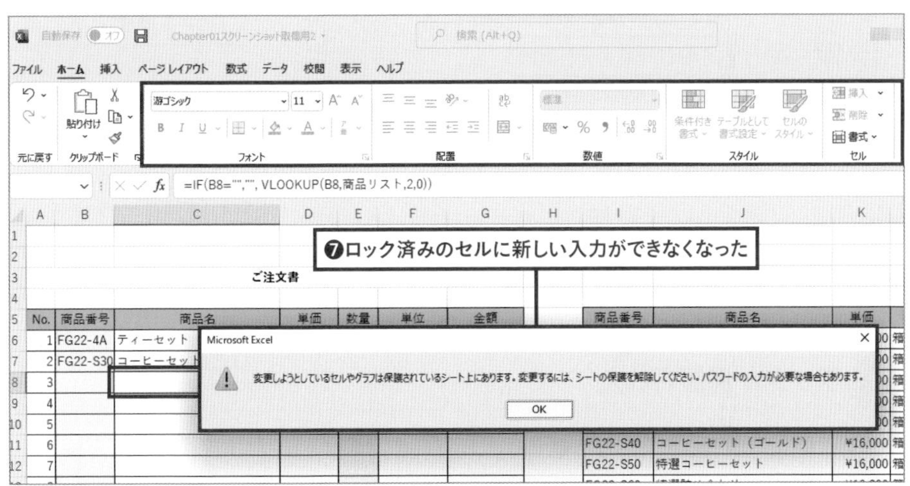

TIPS 書式の設定などはシートの保護の前に済ませておく

❹の通りにチェックを入れてシートを保護すると、ロックしたセル以外も書式の設定などができなくなります。セルの色変えやフォントの変更などはシートの保護の前に済ませておくか、[セルの書式設定]にチェックを入れてシートを保護しましょう。

09 ブックを保護して非表示にしたシートを完璧に隠したい

- ●Excelファイルを共有するときに知っておきたいブックの保護
- ●[ブックの保護]で非表示のワークシートを他のユーザーから隠せる
- ●ブックを保護するとシートの順番や構成を変更できなくなる

ここまでシートを保護するテクニックを解説してきましたが、ブック自体を保護することもできます。ブック自体を保護すると、非表示にしたシート(21ページ参照)が再表示されなくなったり、シートの順番が入れ替えられなくなったりします。

1 ブックを保護する

相手先にExcelファイルを共有するときには、ブック自体を保護しておきましょう。[校閲]タブから[ブックの保護]を選択し、[シート構成]にチェックを入れて[OK]ボタンをクリックします。必要に応じてパスワードを入力しましょう。

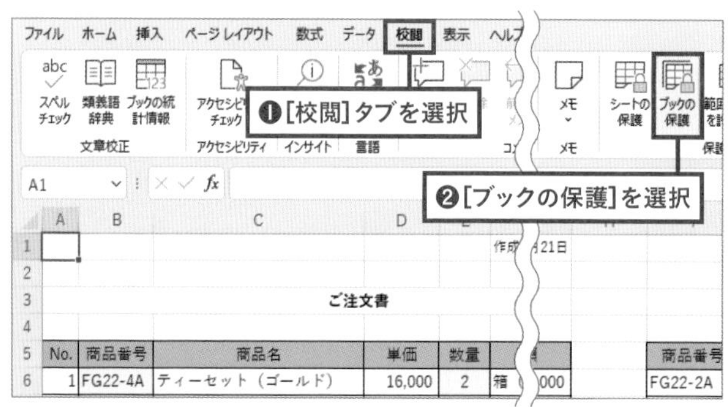

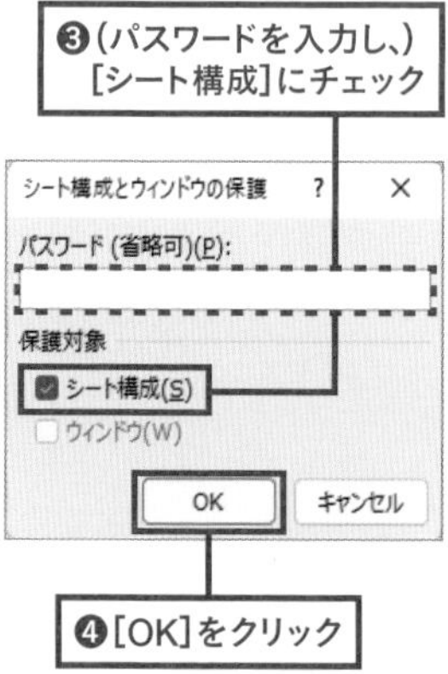

2 ブックが保護された

ブックが保護されました。この状態では、シートの追加や移動、削除の他、非表示にしたシートの再表示などを行うことができなくなります。ブックの保護を解除するには、再度[ブックの保護]をクリックしましょう。パスワードを設定した場合は、入力して[OK]ボタンを押します。

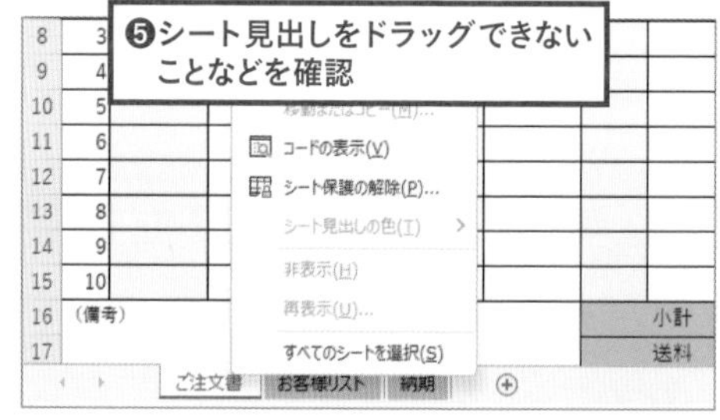

10 複数のメンバーで1つのブックを同時に編集したい

- ファイルの共同編集には「OneDrive」への保存がマスト
- 編集権限は「編集可能」と「表示可能」(閲覧のみ)の2つから選べる

ネットワーク上のサーバーに保存されたExcelファイルは、誰かが作業していると他のユーザーは閲覧しかできず、編集することができません(読み取り専用で開かれます)。ブックを共有することで、複数人で同時に編集できるようになります。

1 Excelを共有状態にする

右上の[共有] ボタンを選択すると、OneDriveへの保存画面が表示されます。[OneDrive]を選択すると、保存名を入力する画面が表示されるので、ファイル名を入力してOneDriveにアップロードします。

Microsoftアカウントへのサインイン

OneDriveと一度も連携していない場合は、Microsoftアカウントへのサインインが必要です。Microsoftアカウントのメールアドレスとパスワードを入力しましょう。

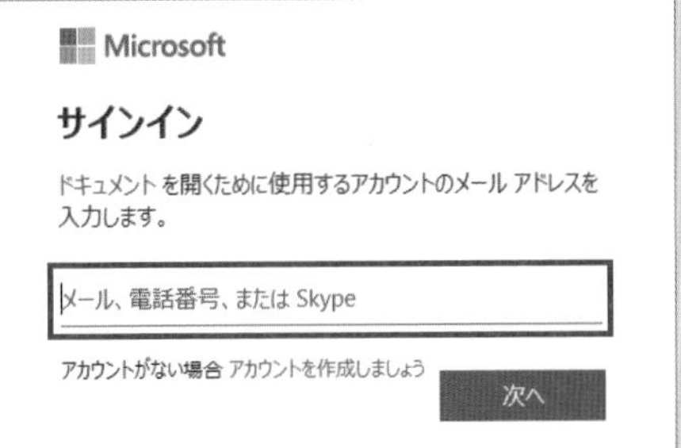

2 共有相手にファイルのリンクを送信する

Excelファイルを共有したい相手のメールアドレスを入力して[送信]ボタンをクリックします。

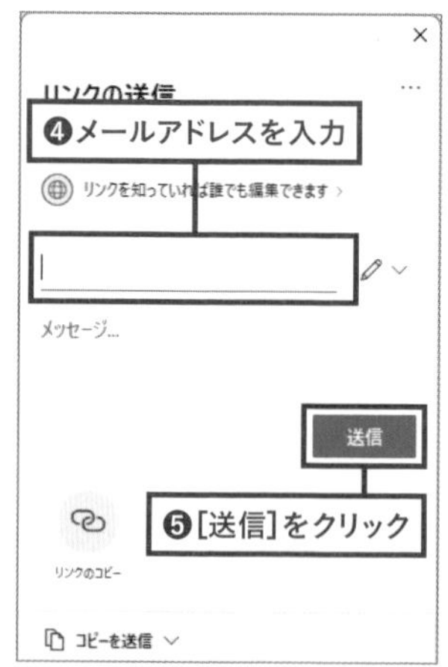

HINT 編集権限は変更できる

ファイルの共有相手には[編集可能]と[表示可能]、2つの権限から選択して付与できます。相手にファイルを編集されたくないときは、❶メールアドレス入力欄横の鉛筆マークをクリックし、❷[表示可能]を選択しましょう。

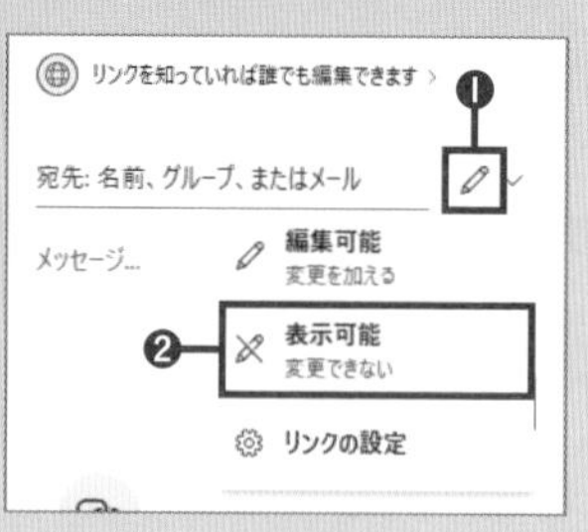

3 ファイルを共有できた

共有相手がファイルへの共有リンクにアクセスすると、共有相手が選択しているセルやユーザー名が画面に表示され、ファイルが共有されました。

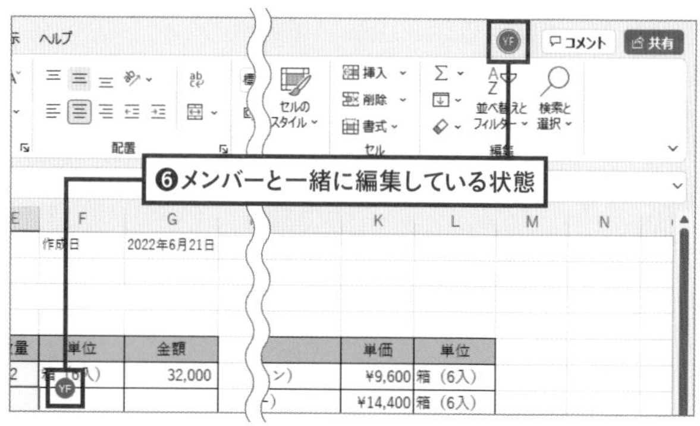

Column ファイルの共有を停止したいときは？

ファイルの共有を停止したいときは、[共有]ボタンをクリックすると、❶リンクの送信画面の[…]から[アクセス許可の管理]が選択できます。❷名前の下の[V]を選択して❸[共有を停止]を選択します。

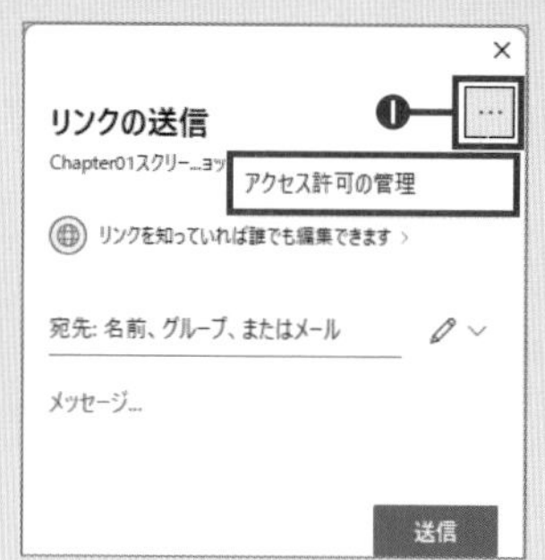

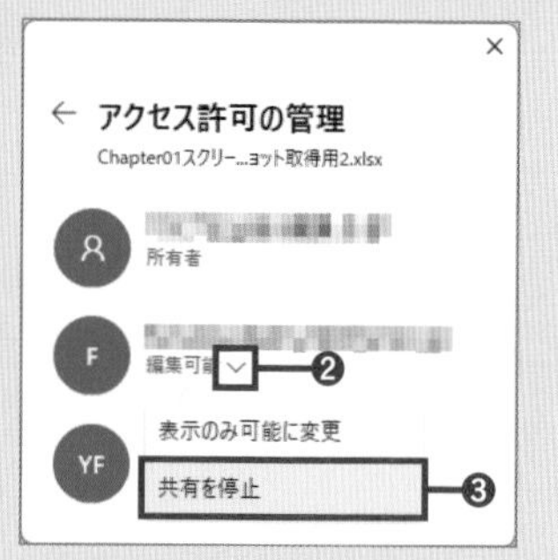

11 情報の流出にはご用心！提出前に文書ファイルを検査しよう

- 提出前に重要情報が残っていないか必ず確認
- ドキュメント検査の前に[シートの保護]は解除しておく
- ドキュメント検査の前にファイルを一度保存しておく

Excelファイルを外部に提出する場合、よけいな情報は削除しておきたいもの。非表示にしていた商品の単価リストや割引率、顧客リストなど、うっかり削除し忘れてしまって外部に漏れたら大変です。[ドキュメント検査]を実行すれば、非表示シートの有無の他、変更履歴やコメント、個人名などの情報が含まれていないかをチェックできます。

1 ドキュメント検査をする

[ファイル]タブを選択し、[Backstageビュー]を開きます。[情報]から[問題のチェック]をクリックして[ドキュメント検査]を選択します。検査項目を確認し、[検査]ボタンをクリックすると、ドキュメント検査が開始されます。

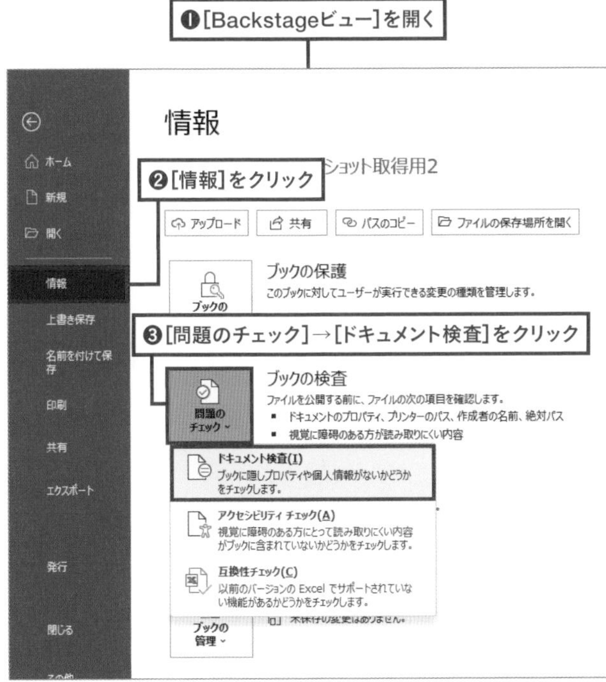

HINT シートの保護は解除しておく

[シートの保護]をしているとドキュメント検査ができません。ドキュメント検査の実行前に[シートの保護]は解除しておき、検査後に再度設定しましょう。

HINT 検査の前にファイルを保存しておく

一度も保存していない状態でドキュメント検査を実行しようとすると、「ドキュメント検査で削除されたいデータは、後から復元できない可能性があるため、必ず変更を保存してください」というメッセージが表示されます。
ドキュメント検査によって、非表示のシートを削除したりする可能性もあるので、念のため、ドキュメント検査の前に必ずファイルを保存しておきましょう。予期せぬ変更を行ってしまった場合にも、変更前のファイルを保存していれば、元に戻すことができます。

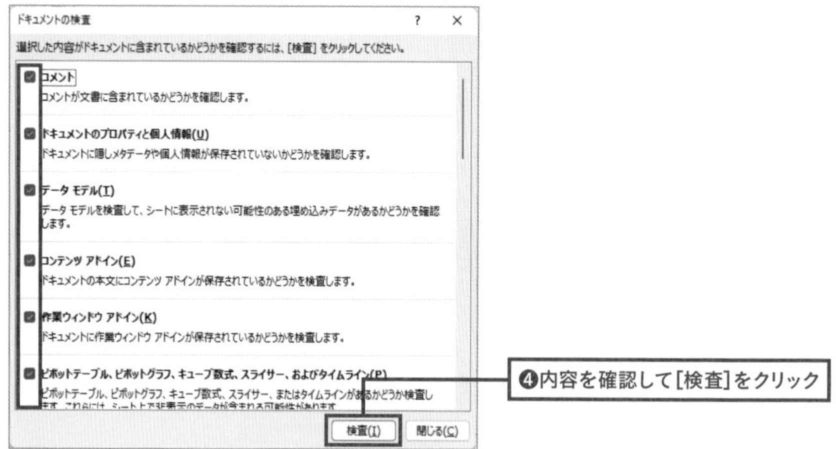

2 ドキュメント検査の結果を確認する

問題のある項目には「!」マークが表示されます。内容を確認し、削除する場合には[すべて削除]ボタンをクリックしましょう。

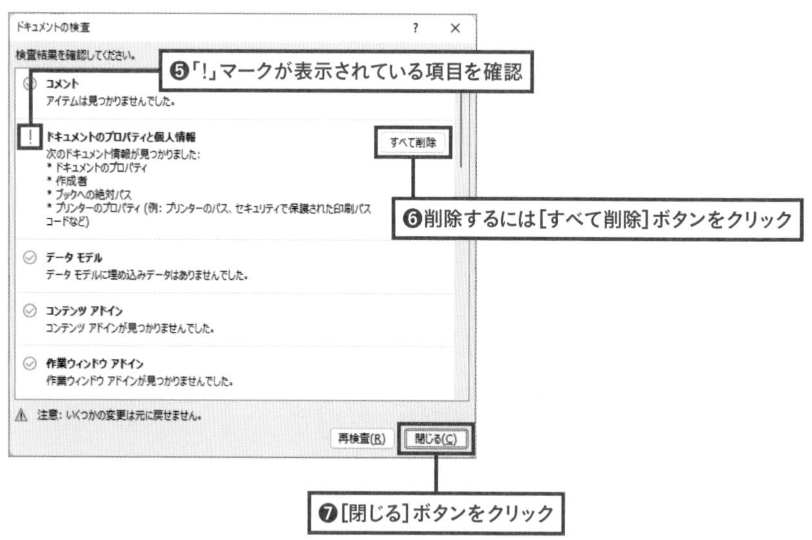

12 ファイルが「最終版」であることを相手に明示したい

- 渡す相手に「最終版」であることを周知する機能と考える
- 最終版を解除すると編集できてしまうため、大事な部分は保護しておく

編集する必要がない完成状態のブックは「最終版」にすることで、読み取り専用で開かれるようにできます。

※[編集する]をクリックすることで編集が可能になるため、変更されたくない箇所はあらかじめセルのロックをしておきましょう(22〜25ページを参照)。

1 Excelを最終版にして保存する

[ファイル]タブを選択し、[Backstageビュー]を開きます。[情報]から[ブックの保護]をクリックして[最終版にする]を選択します。

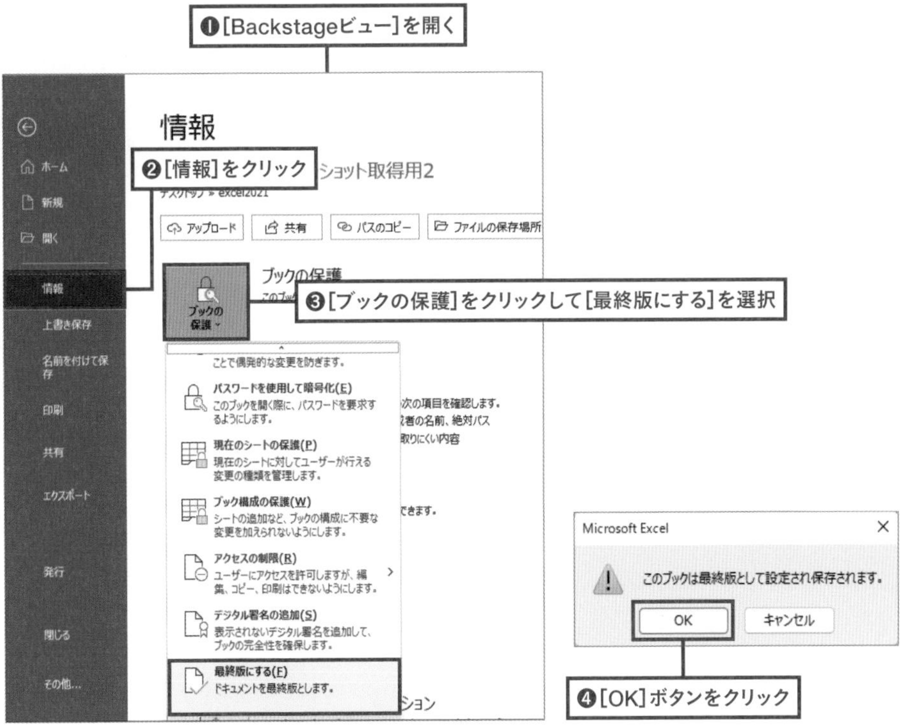

❶[Backstageビュー]を開く

❷[情報]をクリック

❸[ブックの保護]をクリックして[最終版にする]を選択

❹[OK]ボタンをクリック

「このドキュメントは、編集が完了した最終版として設定されました。」とメッセージが表示されるので[OK]をクリックします。

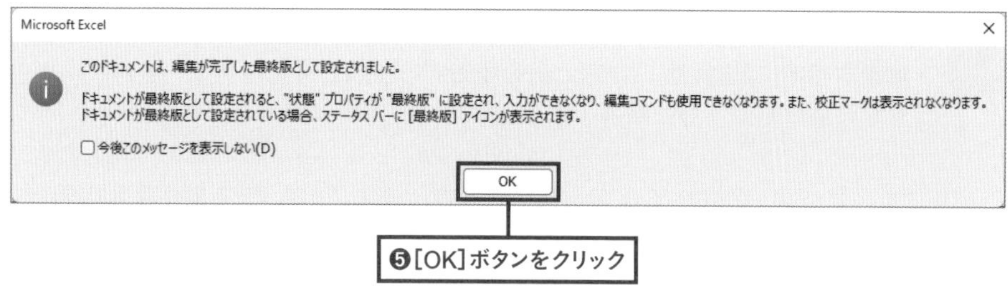

2 最終版に変更された

タイトルバーに[読み取り専用]と表示され、最終版であることを示すバーが表示されました。

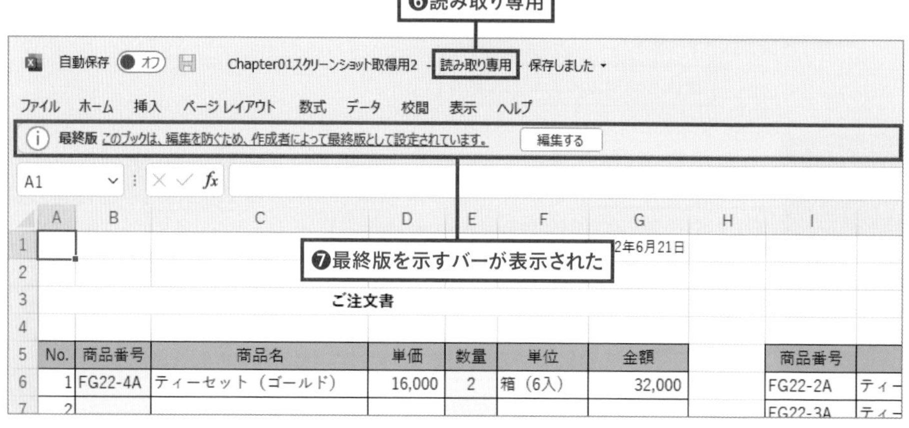

HINT

最終版は解除できる

開いたときに表示される黄色いバー上にある[編集する]をクリックすると、ブックの編集が可能になります。設定したユーザー以外でも解除ができてしまうため、[最終版にする]機能はあくまでExcelファイルが「最終版」である、ということを相手先に伝えるためのツールの1つとして考え、変更して欲しくない箇所にはシートの保護をかけて編集不可にしておくなどしておくとよいでしょう。

13 ブックの改ざんはファイルにパスワードを設定して防ぐ

- 提出資料に必須のパスワード機能
- ファイル自体にパスワードを設定して改ざんを防ぐ
- 「読み取りパスワード」と「書き込みパスワード」の違いを知る

見積書や請求書など、作成したブックの内容によっては、配布先で自由に改ざんされるのを防ぎたい場面が出てくるはずです。ここではパスワードを入力しないと文書を編集できないよう、設定してみましょう。

1 ブックにパスワードを設定する

Excelブックにパスワードを設定するために、[ファイル]タブを選択して[Backstage]ビューを開きます。[名前を付けて保存]を選択し、[その他の場所]から[参照]をクリックしましょう。

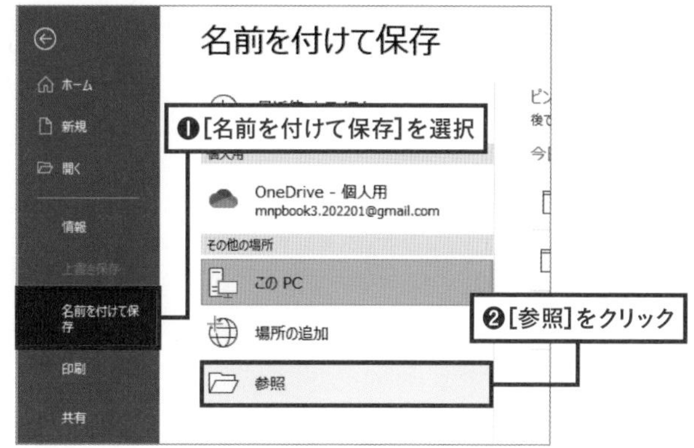

2 保存画面でパスワードを設定する

保存画面が表示されたら、[ツール]から[全般オプション]を選択します。

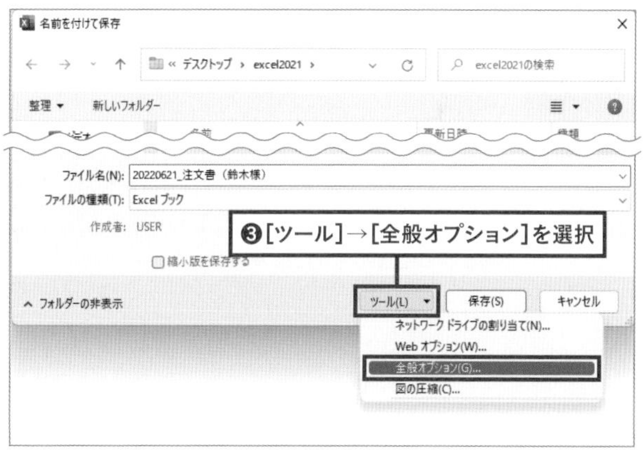

必要に応じて[読み込みパスワード]または[書き込みパスワード]を入力して[OK]ボタンをクリックします。確認用に再度パスワードを入力して、[OK]ボタンを押して保存します。

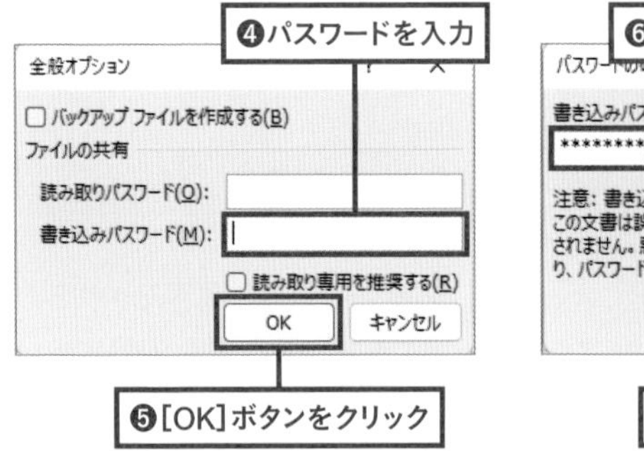

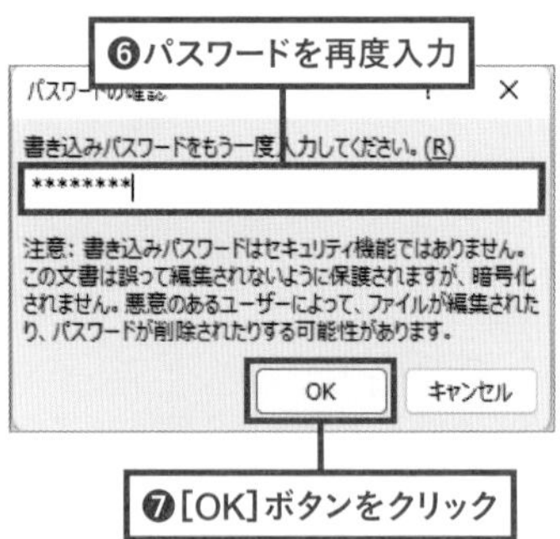

「読み取りパスワード」と「書き込みパスワード」の違い

「読み取りパスワード」を設定するとパスワードなしではファイル自体を開けなくなります。一方「書き込みパスワード」の設定では、ファイル自体は開けますが、上書き保存ができなくなります。

3 パスワードが設定された

パスワードを設定して保存することで、次回ファイルを開いたときにパスワードを求められるようになります。

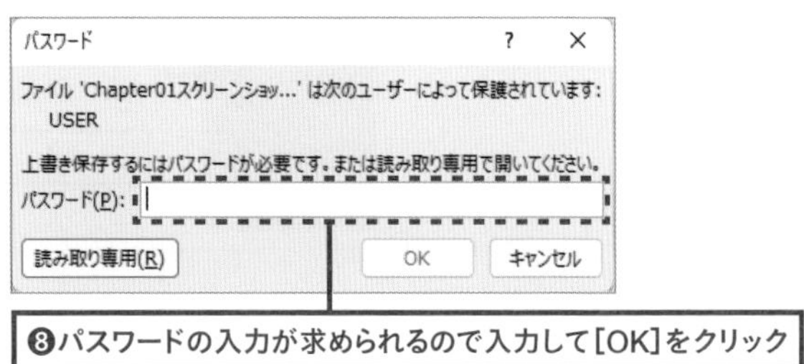

Column

パスワードを解除するには?

設定したパスワードを解除するには、上記の手順❸まで同様に操作し、❹でパスワードを空白のまま❺[OK]ボタンを押して保存すると、パスワードが解除されます。

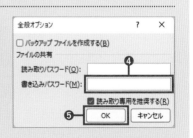

Chapter2

データ入力がすいすい進む入力ワザ

大量の情報を整理するのに便利なExcelですが、データ入力のポイントを押さえておくと、より効率よく作業を進められます。また「1-2」と入力したいのに日付に変換されて困ったことはないでしょうか。ここではそうした文字入力の作法も紹介していきます。

01 入力の基本とデータの一部を修正する方法を覚えよう

- Excelで数字や数式を入力する際は半角英数字が基本
- セルの選択はダブルクリックと「F2」キー、2つの方法を使い分ける

データを入力して修正してみよう

入力したデータをあとから修正したい場合、「F2」キーを押す方法、セルをダブルクリックする方法があります。それぞれ覚えておくと便利なのでここでおさらいしておきましょう。

データを入力する

数値や数式、関数を入力する際は半角英数字で入力します。入力したいセルを選んで入力したら「Enter」キーで確定します。

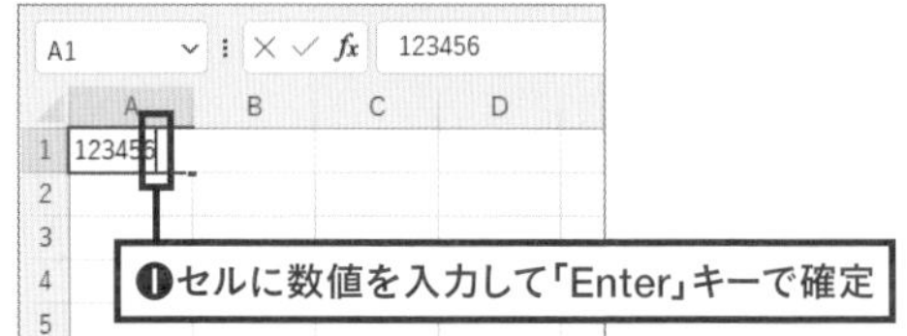

入力したデータを修正する

確定したデータを修正する際は、修正したい文字列の上でダブルクリックするとカーソルが表示されます。文字列を修正して「Enter」キーを押しましょう。

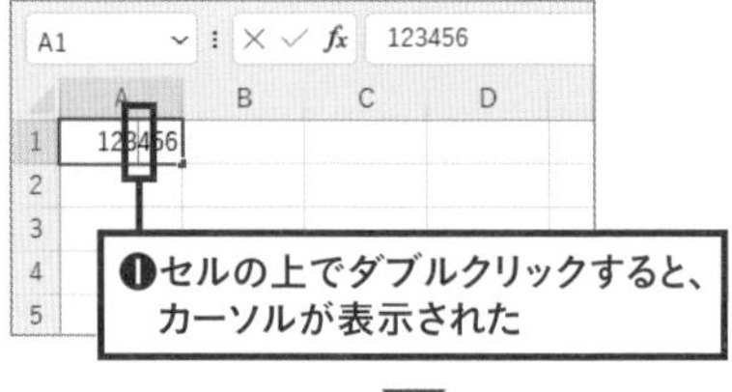

❷文字列を修正して「Enter」キーを押す

入力したデータをすべて削除するには?

データを修正せず、すべて削除して入力し直すにはセルを選択した状態で、「BackSpace」キー、または「Delete」キーを押します。

状況によって修正方法を使い分ける

修正したいセルの上で「F2」キーを押すと、文字列の末尾にカーソルが表示されます。修正したら「Enter」キーで確定しましょう。ダブルクリックのためにマウスとキーボードを移動する必要がないため、時間を短縮できて便利です。

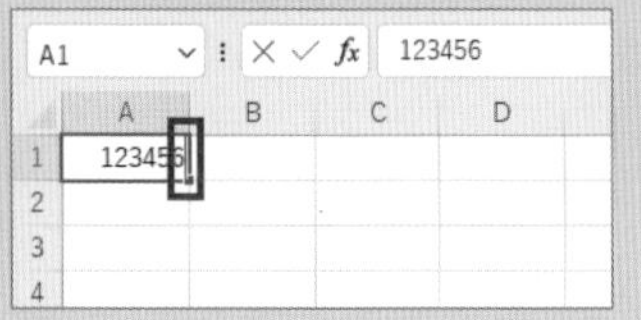

02 「001」「1-2」「(1)」などの入力は文字列への変換で対応する

- そのままではうまく表示できない文字列がある
- 「'」を先頭に入力する
- 文字列への変換方法を知る

先頭にゼロがくる数字は入力にひと手間必要

「001」のように先頭にゼロがある数値をセルに入力すると、通常は「1」と表示されてしまいます。これはセルの表示形式がデフォルトで「標準」に設定されているためです。先頭にゼロがある数字を入力したい場合、先頭に「'」(アポストロフィ)を入力し、文字列として扱いましょう。

1 「'」を先頭に追加して「001」を入力する

まず「'」を入力してから、続けて「001」と入力し「Enter」キーを押します。

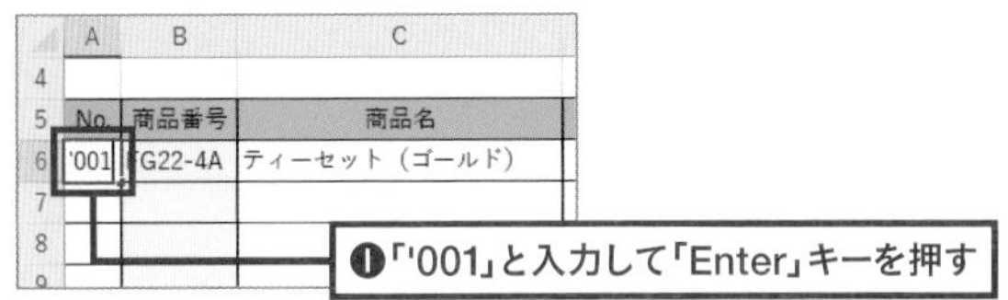

2 「001」と入力できた

セル内に「001」と入力できました。セル横に表示された「!」(エラーチェックボタン)をクリックしてみると、文字列になっていることがわかります。「エラーを無視する」を選択するとエラーチェック済みになり、「!」が消えます。

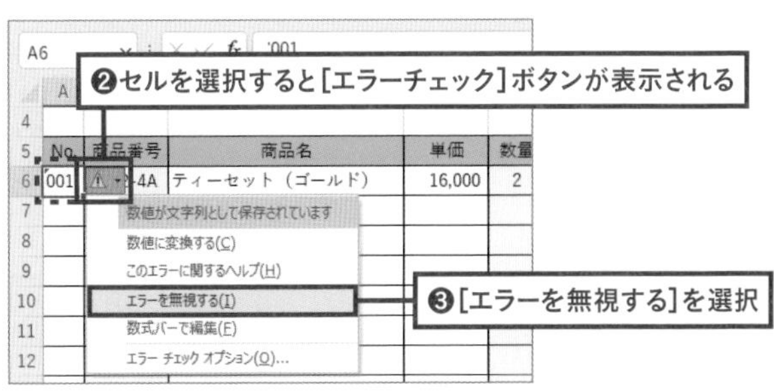

TIPS 「001」を数値として表示させたい

上記の方法は数字が「文字列」と認識されていて「数値」として認識されていません。単純に番号として表記するのであれば、このままでも構いませんが、数式などで利用するためには、次ページのように「数値」として認識させておく必要がでてきます。

数値のまま「001」と表示させるには、「1」と入力したセルを選択し、[ホーム]タブの[数値]グループにある[ダイアログボックス起動ツール]をクリックします。❶[表示形式]タブで、❷[ユーザー定義]を選択します。❸[種類]に「000」と入力して、❹[OK]ボタンをクリックすると数値として認識されます。

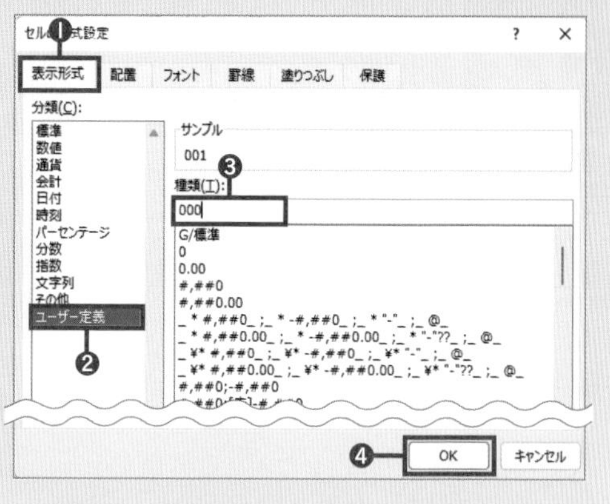

「1-2」「'」「(1)」の入力も先頭の「'」で解決

試しに「1-2」「'」「(1)」をセルに入力してみると、それぞれ「1月2日」「(空欄)」「-1」と表示されてしまいました。これはExcelが入力値を日付などのデータであると解釈し、それぞれの入力に適した書式を自動的に設定する機能が働いてしまっているためです。

「001」と同様、先頭に「'」(アポストロフィ)を入力することで、これらのデータを文字列として入力することができます。

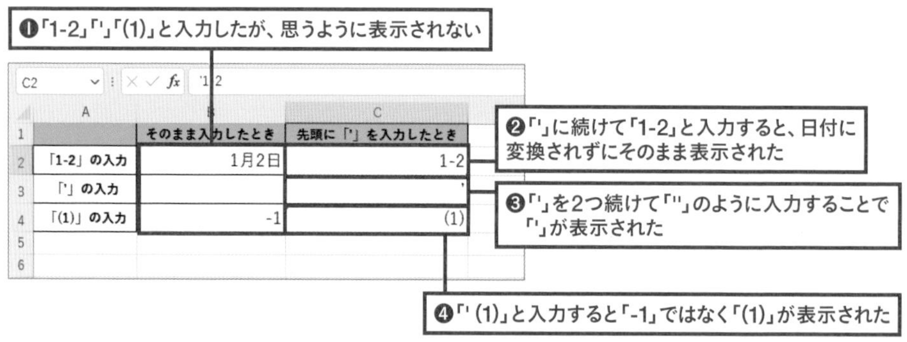

書式設定をあらかじめ[文字列]に変更しておくのも手

セルの書式設定を[文字列]にあらかじめ変更しておくと「'」を先頭に入力する手間を省くことができます。入力するセルを選択した状態で[セルの書式設定]を開き、[表示形式]タブから[文字列]を選択しましょう。これで、そのセルには「1-2」「(1)」などをそのまま入力できるようになります。

03 日付を「4月1日」形式で入力したい

- 日付は簡略化して楽に入力しよう
- 「4/1」「4-1」どちらを入力しても「4月1日」と表示される
- [表示形式の変更]で西暦表示などにすることも可能

資料作成などで日付を入力する機会は多いため、簡単に「○月○日」の形式で入力する方法をマスターしましょう。

1 日付を入力する

「4/1」または「4-2」のように入力してみましょう。自動的に「4月1日」と表示されます。

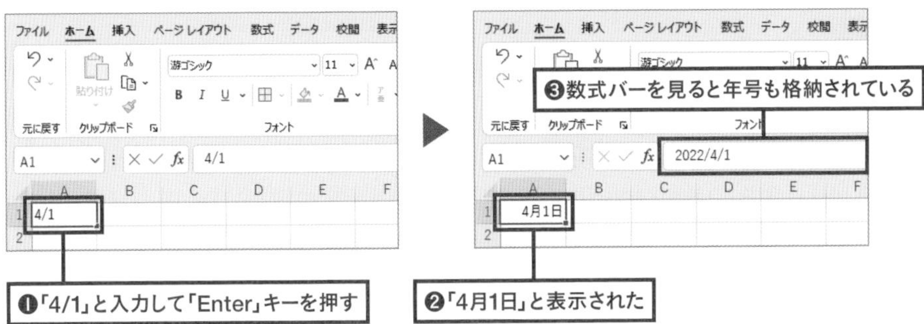

2 表示形式を変更する

さらに表示形式を「2022年4月1日」のように西暦を付けて表示させることもできます。セルの上で右クリックをして、[セルの書式設定]を開き、[表示形式]タブを選択しましょう。

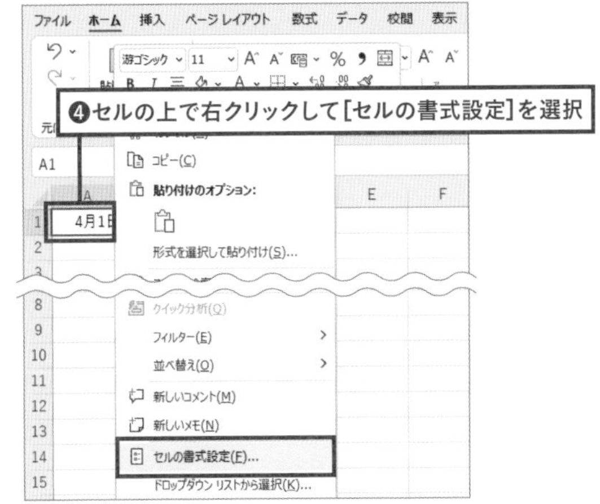

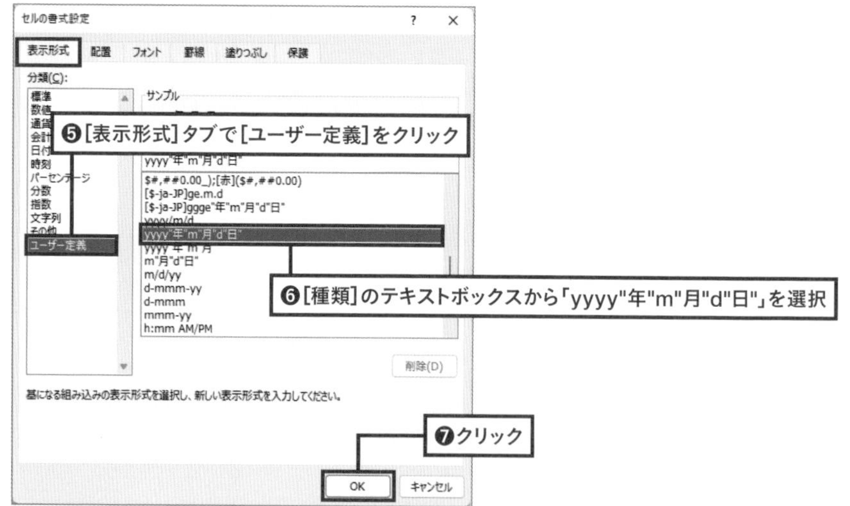

曜日を一緒に表示させたい

「4月1日(月)」のように曜日と一緒に日付を表示したい場合、❶[ユーザー定義]の❷[種類]のテキストボックスに「m"月"d"日"(aaa)」と入力すると、日付と曜日がセットで表示されます。

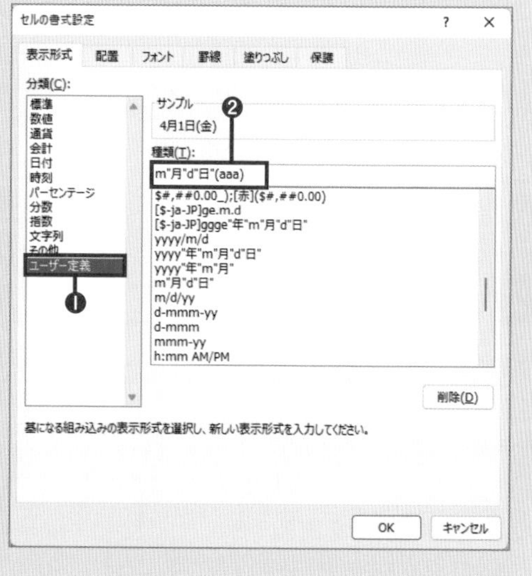

日付はシリアル値

日付を入力すると自動的に「○月○日」のような表示形式が設定されますが、Excel内部で日付はシリアル値という数値で処理されます。1900年1月1日を表すシリアル値が「1」で、1日ごとにシリアル値が「1」ずつ増えます。

04 「1/2」のような分数を入力したい

●先頭の「0」の入力で分数の入力が可能になる
●分数は数値として入力される

セル内に「1/2」などの分数を表示したくても、そのまま入力すると「1月2日」のような日付形式に変換されてしまいます。このような場合は、「0」(ゼロ)のあとに半角スペースを入力し、続けて「1/2」と入力することで、分数の入力が可能になります。

1 分数を入力する

分数の入力では、「0 1/2」と入力して「Enter」キーを押します。

半角スペースを忘れずに

「0」と「1/2」の間には必ず半角スペースを入力します。

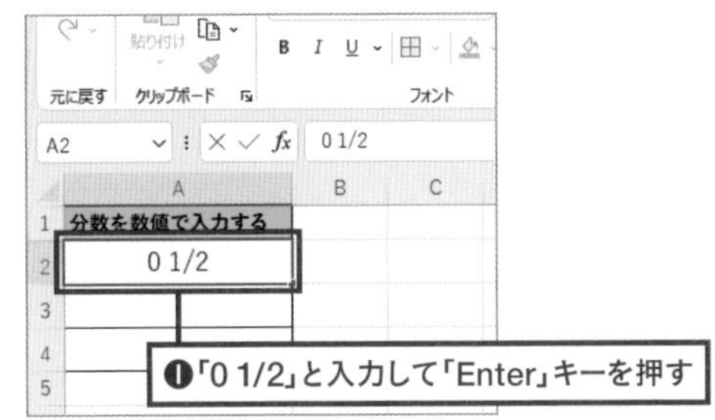
0 1/2
分数を数値で入力する
❶「0 1/2」と入力して「Enter」キーを押す

2 分数が表示された

セル上に「1/2」と分数が表示されました。数式バーを確認すると「0.5」と表示されており、数値として入力されたことがわかります。

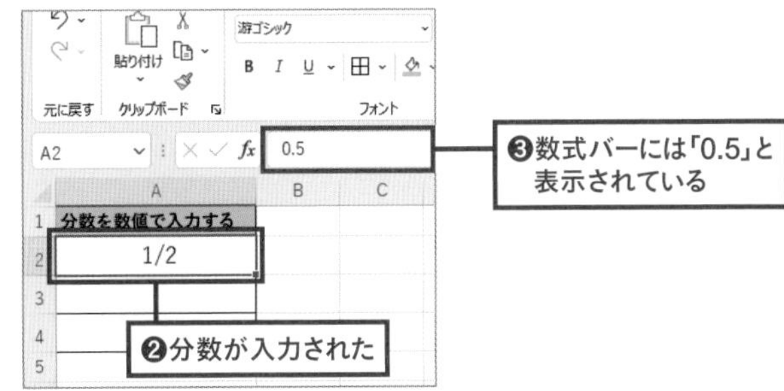
0.5
分数を数値で入力する
1/2
❷分数が入力された
❸数式バーには「0.5」と表示されている

入力後に表示形式を変更するには

数値を入力したあとでも分数として表示できます。「0.5」と入力してからセルの上で右クリックして[セルの書式設定]を開き、[表示形式]タブを選択しましょう。分類の中から[分数]を選択すると「1/2」と表示されます。

05 「2^8」や「H_2O」のような上付き・下付き文字を入力する

- まずは文字列に変換する
- 「セルの書式設定」を開くと「上付き」「下付き」を設定できる

Excelでは「2^8」のような上付き文字や、「H_2O」のような下付き文字も入力することができます。

1 文字列を入力する

数値のままだと上付き・下付き文字にできないため、まずは先頭に「'」を入力して文字列にしてから設定しましょう。その後、上付き・下付き文字にしたい部分のみを選択します。

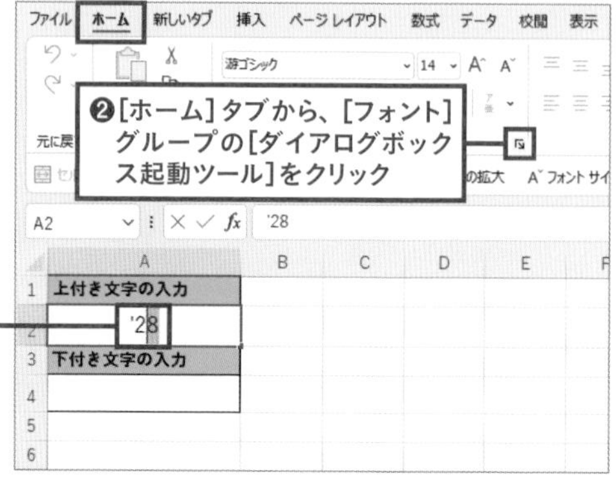

2 セルの書式設定で[上付き]または[下付き]にチェックする

[セルの書式設定]が表示されたら、[上付き]または[下付き]にチェックを入れます。

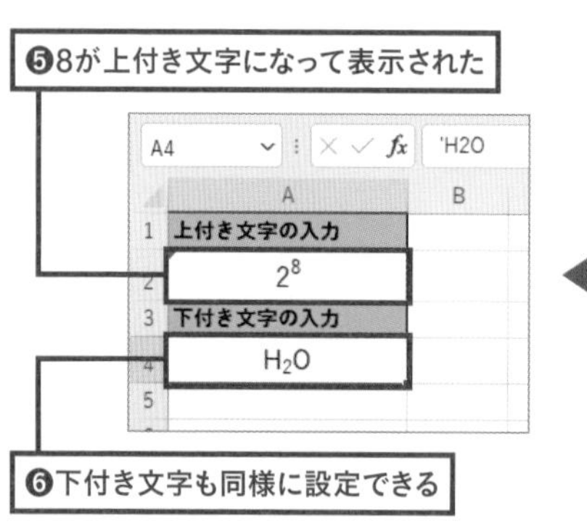

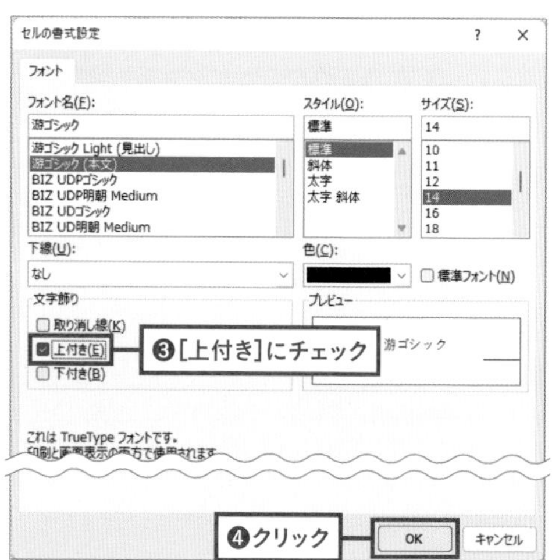

06 メールアドレスやURLがリンクになってしまう

Point
- 状況に合わせてハイパーリンクを解除する
- あらかじめハイパーリンクが設定されないよう変更することもできる

アドレスやURLのリンクを解除する

メールアドレスやURLを入力すると自動でハイパーリンクが作られます。この状態でクリックするとメールソフトやWebブラウザが起動してしまうため、敢えて解除しておきたいという場合もあるのではないでしょうか。

こうしたときは、右図の操作でハイパーリンクを解除できます。

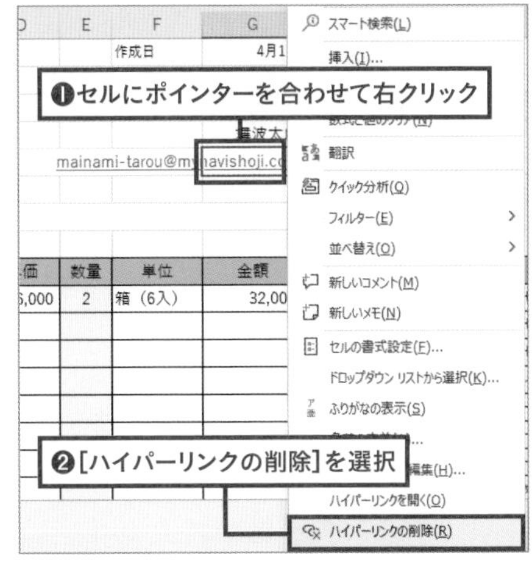

[ハイパーリンクの削除]が表示されない

HINT

セル下に表示されている[オートコレクトオプション]ボタンをクリックし、[ハイパーリンクを自動的に作成しない]を選択しましょう。

Column オプション画面から設定を変える

あらかじめ設定を変更しておくと、個別にハイパーリンクを解除する必要がなくなります。

❶[オプション]画面(11ページ参照)の[文章校正]で❷[オートコレクトのオプション]ボタンをクリックします。

❸[入力オートフォーマット]タブで、❹[インターネットとネットワークのアドレスをハイパーリンクに変更する]のチェックを外し、❺[OK]→[オプション画面]にて[OK]とボタンをクリックします。

07 複数のセルに同じデータを一気に入力したい

- 一括入力したいセルを「Ctrl」キーと「Shift」キーで複数選択する
- 文字の入力後、再度「Ctrl」キーを押すのがコツ

複数のセルに同一データを一括で入力する

表を作っているとき、複数のセルに同じデータをまとめて入力したい場面が出てきます。そのような場合は「Ctrl」キーまたは「Shift」キーを押しながら複数のセルを選択し(23ページ参照)、最後に選択したセルに文字を入力したあと、再度「Ctrl」キーを押しながら「Enter」キーを押しましょう。

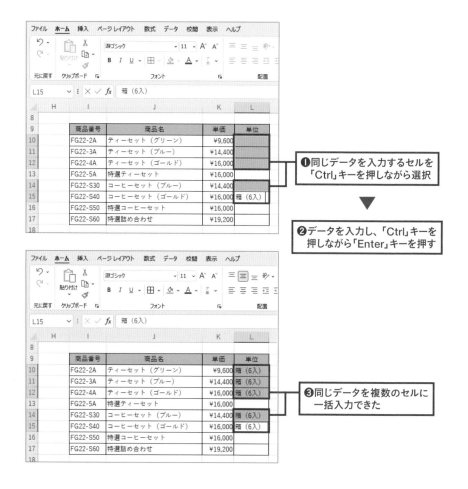

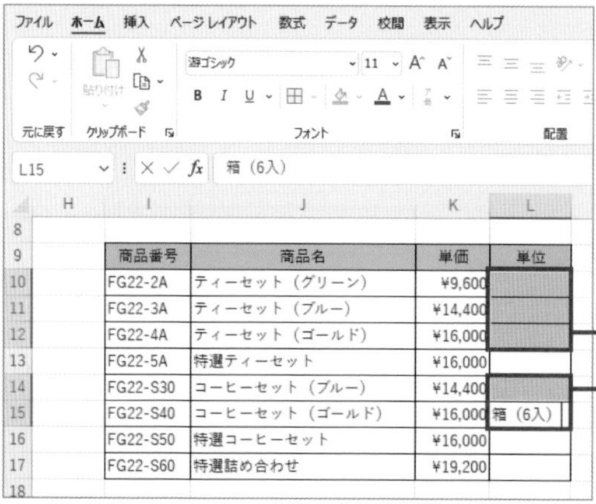

ファイル　ホーム　挿入　ページレイアウト　数式　データ　校閲　表示　ヘルプ

L15　箱（6入）

	商品番号	商品名	単価	単位
10	FG22-2A	ティーセット（グリーン）	¥9,600	
11	FG22-3A	ティーセット（ブルー）	¥14,400	
12	FG22-4A	ティーセット（ゴールド）	¥16,000	
13	FG22-5A	特選ティーセット	¥16,000	
14	FG22-S30	コーヒーセット（ブルー）	¥14,400	
15	FG22-S40	コーヒーセット（ゴールド）	¥16,000	箱（6入）
16	FG22-S50	特選コーヒーセット	¥16,000	
17	FG22-S60	特選詰め合わせ	¥19,200	

❶同じデータを入力するセルを「Ctrl」キーを押しながら選択

❷データを入力し、「Ctrl」キーを押しながら「Enter」キーを押す

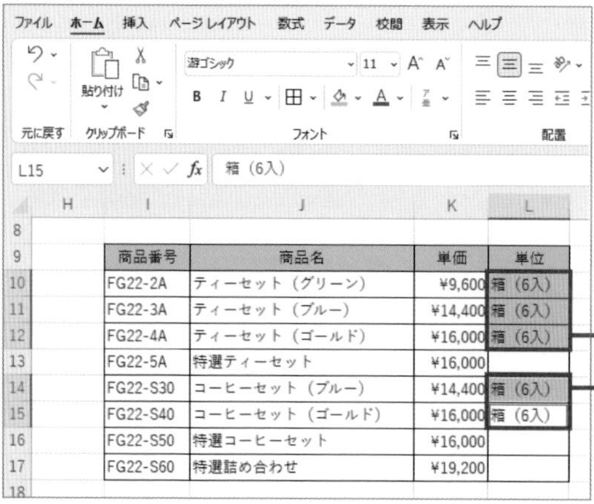

ファイル　ホーム　挿入　ページレイアウト　数式　データ　校閲　表示　ヘルプ

L15　箱（6入）

	商品番号	商品名	単価	単位
10	FG22-2A	ティーセット（グリーン）	¥9,600	箱（6入）
11	FG22-3A	ティーセット（ブルー）	¥14,400	箱（6入）
12	FG22-4A	ティーセット（ゴールド）	¥16,000	箱（6入）
13	FG22-5A	特選ティーセット	¥16,000	
14	FG22-S30	コーヒーセット（ブルー）	¥14,400	箱（6入）
15	FG22-S40	コーヒーセット（ゴールド）	¥16,000	箱（6入）
16	FG22-S50	特選コーヒーセット	¥16,000	
17	FG22-S60	特選詰め合わせ	¥19,200	

❸同じデータを複数のセルに一括入力できた

08 小数点を自動追加してスピーディに数字を入力する

Point
- 自動的に小数点を追加して入力スピードアップ
- 作業後は必ず設定をもとに戻す

細かな数値を大量に入力するような作業では、小数点を入力する手間ですら惜しい場合があります。自動的に小数点を追加する設定を行うことでスムーズに入力が行えます。作業後は設定を元に戻すのを忘れないように注意しましょう。

1 オプションを選択する

[ファイル] タブを押して [Backstage] ビューを開き、[その他] から [オプション] を選択します。

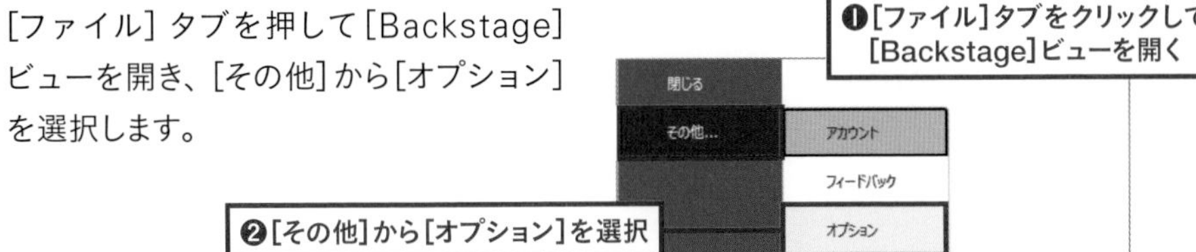

2 [小数点位置を自動的に挿入する]にチェックする

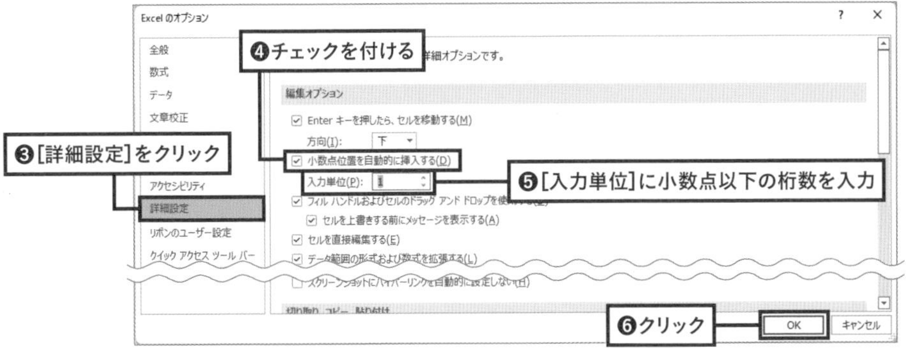

3 自動で小数点が挿入された

試しに「1215」と入力してみると、「121.5」と入力されました。

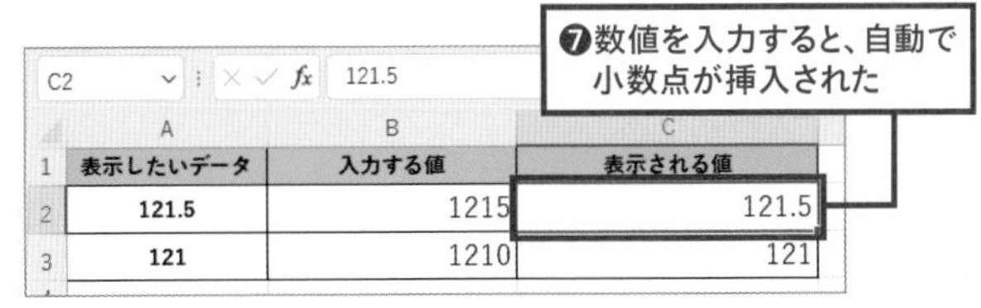

	A	B	C
1	表示したいデータ	入力する値	表示される値
2	121.5	1215	121.5
3	121	1210	121

09 Excelを使いこなす必須の機能！連続したデータを入力する

- オートフィル機能で連続データを簡単に入力
- 「1、3、5…」「10、20、30…」規則性のあるデータを連続入力可能
- 任意の連続データを登録して使用することもできる

同じデータを複数セルに入力したり、「1、2、3、4、5、6、7…」というような連続データを入力する必要がある場合、セルに1つずつ入力していては、手間がかかってしまい大変です。

選択中のセルの右下を見ると「フィルハンドル」と呼ばれる小さな■があります。これをドラッグすることでデータを連続して入力できます。これは「オートフィル」と呼ばれる機能で、Excelを使うなら必ず覚えておきたいテクニックです。

1 基本的な連番の入力を行う

セルに「1」と入力し、右下のフィルハンドルにポインターを合わせて「+」の状態にしたら、任意のセルまでドラッグします。

❶セルに「1」と入力し、右下のフィルハンドルにポインターを合わせて「+」の状態にする

❷任意のセルまでドラッグ

2 同じデータが入力された

ドラッグした位置のセル範囲に、❶で入力したデータがコピーされました。

❸元のセルの文字列が連続して入力された

3 [連続データ]を選択する

セル右下に表示されている[オートフィルオプション]をクリックし、[連続データ]を選択すると、文字列が「1、2、3、4、5…」と連続で入力されました。

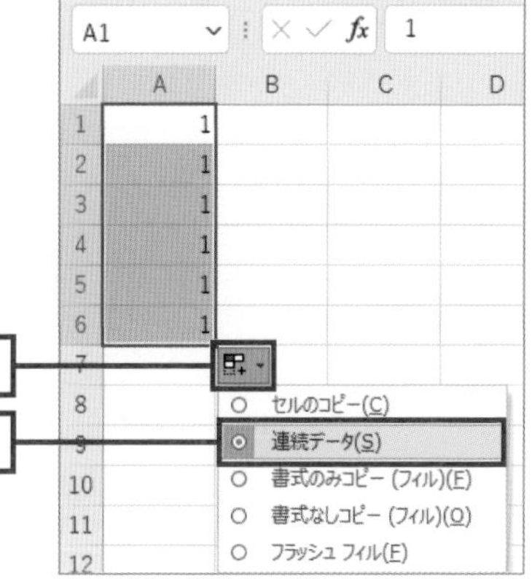

❹[オートフィルオプション]ボタンをクリック

❺[連続データ]を選択

4 連続データが入力された

データが「1」「2」「3」「4」「5」「6」と連続したデータに変換されました。

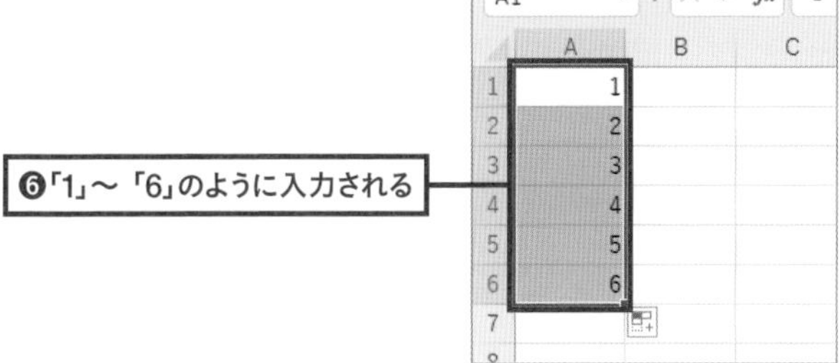

Column 2つの数値に差がある場合でもOK

「1000」「2000」や「MP-210」「MP-220」のように、2つの数値に差がある場合でも、オートフィル機能は使用できます。

❶2つの連続したセルに、任意の差を持ったデータを入力し、❷2つのセルを選択し、フィルハンドルにポインターを合わせて「**+**」の状態にします。連続入力する最後のセルまでドラッグすると、「MP-220」「MP-230」「MP-240」…というように、10ずつ増える連続データが入力されます。

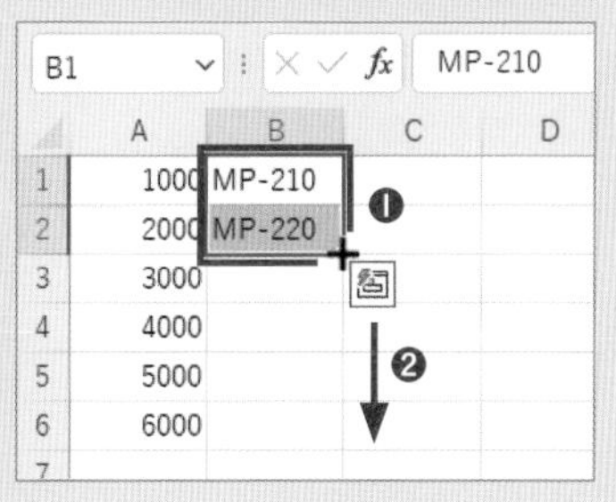

オリジナルの連続データを登録するには?

オートフィルでは曜日や干支といった連続データも入力できます。また、仕事などでよく入力する連続データがある場合は、登録することでオートフィルとして入力することも可能です。[Backstage]ビューから[オプション]を開き、[詳細設定]の[ユーザー設定リストの編集]をクリックして、新しいリストを入力して[OK]ボタンをクリックしましょう。

この状態でセルに「夏季」と入力してオートフィルを実行すると「秋季」「冬季」とリストの項目に登録したデータが入力されます。オートフィルは、リスト内のどの項目から開始しても有効です。

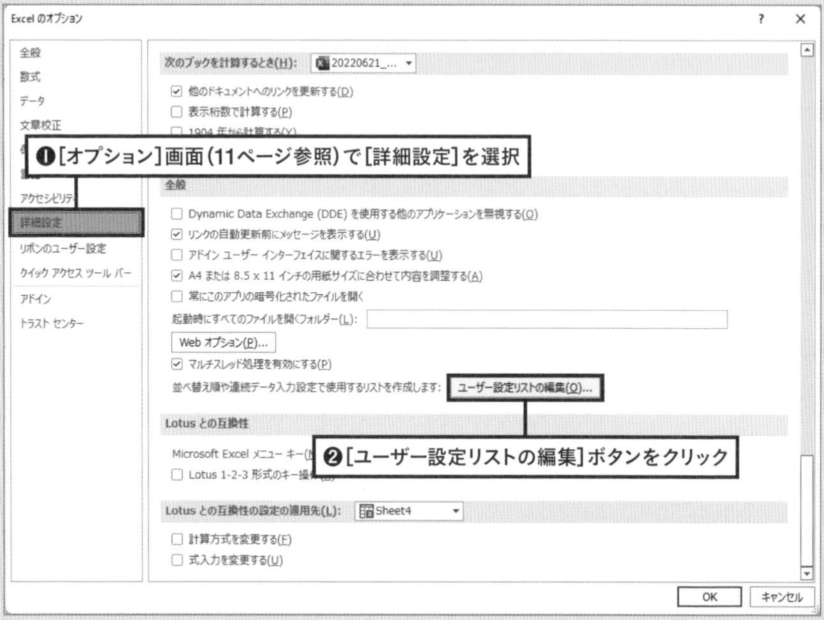

❶[オプション]画面(11ページ参照)で[詳細設定]を選択

❷[ユーザー設定リストの編集]ボタンをクリック

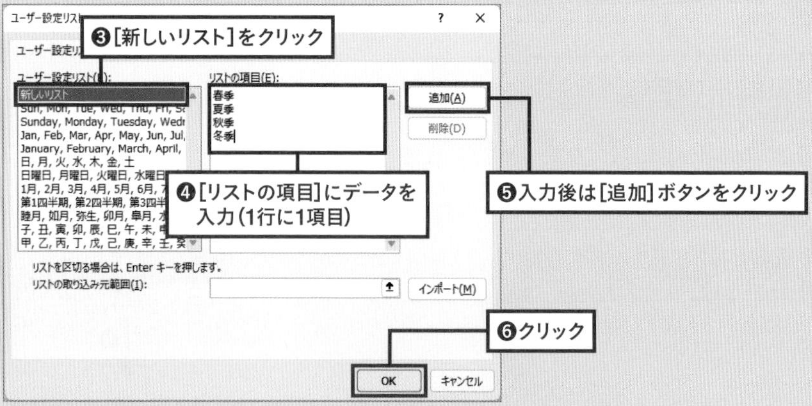

❸[新しいリスト]をクリック

❹[リストの項目]にデータを入力(1行に1項目)

❺入力後は[追加]ボタンをクリック

❻クリック

10 以前入力したことのあるデータを素早く入力したい！

- 以前入力したデータがそのまま入力できるオートコンプリート機能
- 表示されるのは同じ列の同じデータ範囲のみ
- データをリストで表示して選択することも可能

オートコンプリート機能によって、以前入力したデータを表示して、そのまま入力することができます。ただし表示されるのは同じ列の同じデータ範囲に限られます（同じ列でも間に空白セルがあると機能しません）。

オートコンプリート機能で入力する

セルへの入力中、文字列が補完されて表示されるので、OKであれば「Enter」キーを押すと入力できます。

どういう条件で表示される？

入力中のセルと同じ列にある文字で、先頭が一致しているものが表示されます。

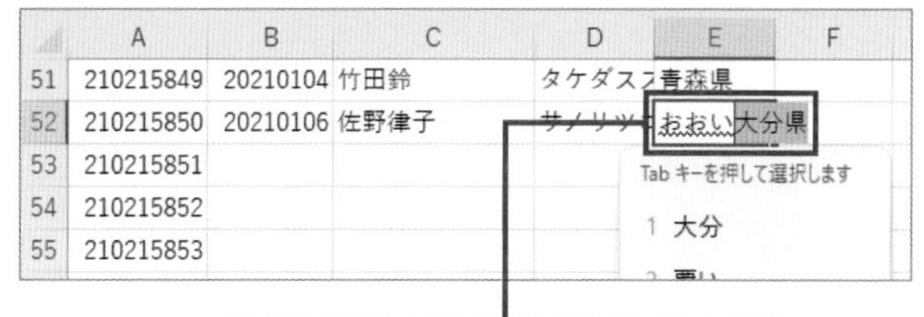

❶文字列が補完されて表示されるのでそのまま「Enter」キーを押す

これまで入力したデータをリストで表示する

入力中に「Alt」キーを押しながら「↓」キーを押すと、同じ列に入力したデータをリストで表示して選択することもできます。

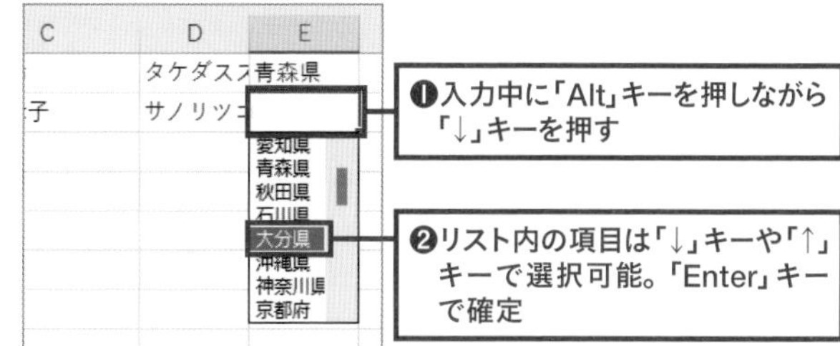

❶入力中に「Alt」キーを押しながら「↓」キーを押す

❷リスト内の項目は「↓」キーや「↑」キーで選択可能。「Enter」キーで確定

オートコンプリートがわずらわしい！

オートコンプリートがわずらわしい場合は、この機能をオフにしましょう。［オプション］画面を開き（11ページ参照）［詳細設定］の中の［オートコンプリートを使用する］のチェックを外して［OK］ボタンをクリックします。

すぐ上や左にあるセルと同じデータを速攻で入力する

- 入力を楽にする2つのショートカットキーを覚えよう
- 上にあるセルと同じデータを入力するには「Ctrl」キー＋「D」キー
- 左にあるセルと同じデータを入力するには「Ctrl」キー＋「R」キー

大量のデータ入力は手間のかかる作業です。すぐ上にあるセルや、左にあるセルと同じデータを入力する際には、便利なショートカットキーを活用して作業を時短しましょう。

上のセルと同じ内容を入力する

「Ctrl」キーを押しながら「D」キーを押してみましょう。上にあるセルと同じ内容が自動で入力されました。

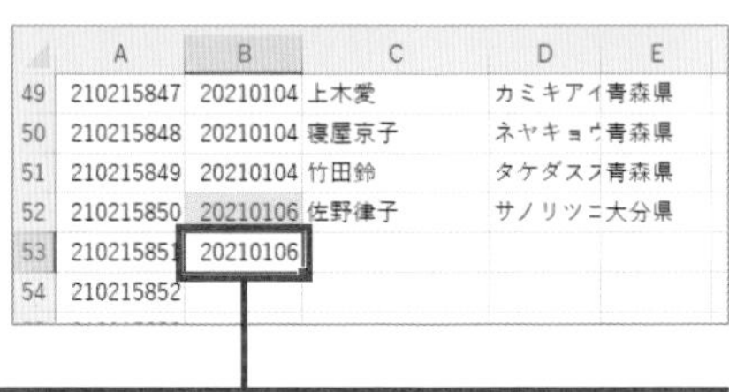

	A	B	C	D	E
49	210215847	20210104	上木愛	カミキアイ	青森県
50	210215848	20210104	寝屋京子	ネヤキョウ	青森県
51	210215849	20210104	竹田鈴	タケダスズ	青森県
52	210215850	20210106	佐野律子	サノリツコ	大分県
53	210215851	20210106			
54	210215852				

「Ctrl」キー＋「D」キーで、上のセルの文字列が入力された

左のセルと同じ内容を入力する

今度は左にあるセルと同じ内容を入力してみましょう。「Ctrl」キーを押しながら「R」キーを押すと、左のセルの文字列が入力されました。

	A	B	C	D	E
49	210215847	20210104	上木愛	カミキアイ	青森県
50	210215848	20210104	寝屋京子	ネヤキョウ	青森県
51	210215849	20210104	竹田鈴	タケダスズ	青森県
52	210215850	20210106	佐野律子	サノリツコ	大分県
53	210215851	20210106	20210106		
54	210215852				

「Ctrl」キー＋「R」キーで、左のセルの文字列が入力された

12 セルへの入力を確定したあとは自動で右のセルへ移動したい!

- 「Tab」キーを使ったセルの移動をマスターしよう
- 「Enter」キーで右に移動するよう設定を変更することもできる

セルの移動をマスターすることで、スムーズに入力できるようになります。

右移動の基本は「Tab」キー

「Enter」キーで入力確定後、「Tab」キーを押すことで、右に移動することができます。

入力後「Tab」キーで右のセルに移動

セル移動の設定自体を変更する

左から右へデータを入力することが多いときは、設定自体を変更しましょう。[オプション]画面の[詳細設定]から、[Enterキーを押したら、セルを移動する]にチェックを入れて[右]を選択して設定すると、入力後、「Enter」キーで右に移動するように変更できます。

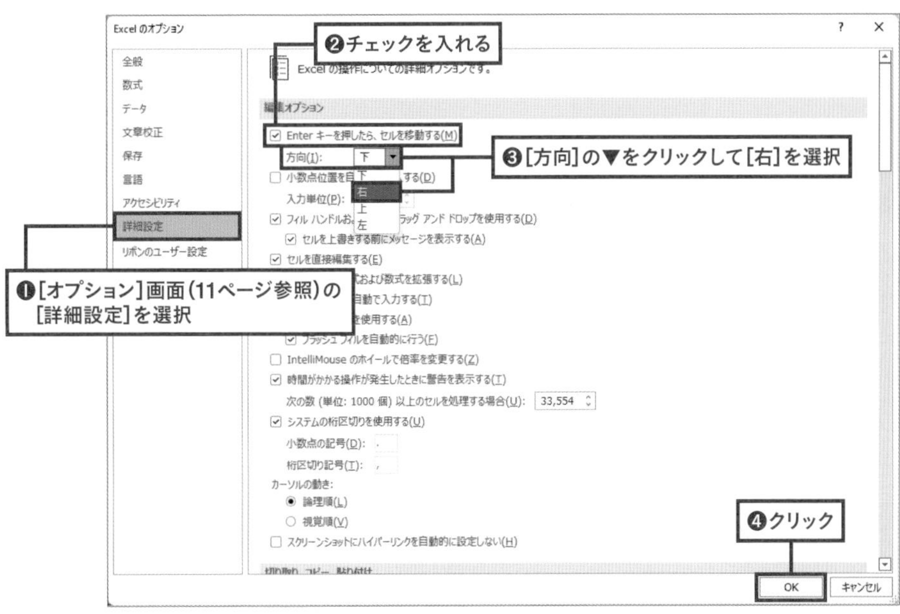

13 特定のセルで日本語入力を常にオンにする

Point
- ●文字入力の方法を設定して入力切り替えの手間を短縮
- ●カタカナや英数字の指定もできる

氏名や住所など、必ず日本語を入力したいセルがある場合、あらかじめ文字入力の方法を指定しておきましょう。いちいち日本語入力のオン・オフを切り替える必要がなく、手間を短縮できます。

1 日本語入力を設定したいセル範囲を選択する

日本語で入力したいセル(セル範囲)を選択し、[データ]タブから[データの入力規則]をクリックします。

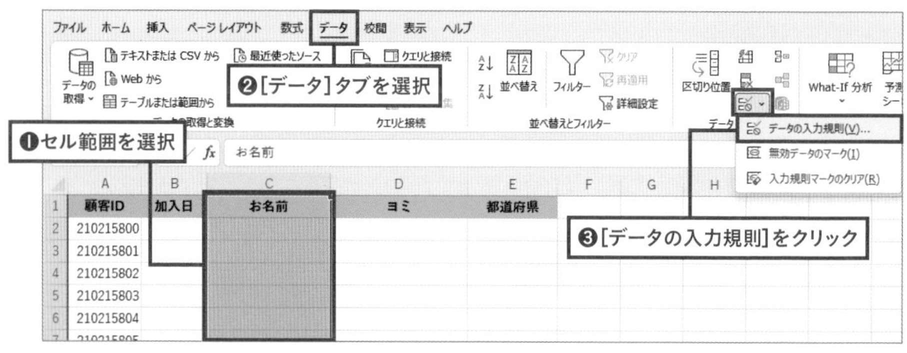

2 データの入力規則を設定する

データの入力規則画面が表示されたら、[日本語入力]タブを選択し、リストから[オン]を選択します。設定したセルに移動すると自動的に日本語入力がオンに切り替わります。

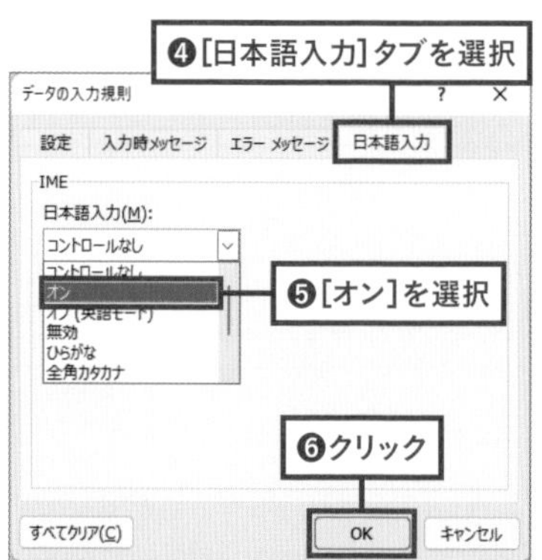

HINT
カタカナ入力を指定する

❺[データの入力規則]ダイアログボックスの[日本語入力]タブでは、日本語入力をオフにしたりカタカナや英数字を入力したりするように指定することもできます。

Chapter3

思い通りの表に仕上げるセル編集ワザ

Excel操作のポイントといえば、やはり「セル」です。このマス目を自在に操れると、データの整理もスマートに行えるようになります。ここでは思い通りの表を作成するためのテクニックを解説。Excelを使った資料作成の基本を覚えていきましょう。

01 広大なシートを使いこなす! 範囲の選択をマスターする

Point

- 「Shift」キーを効率的に使う
- シート全体の選択は[全セル選択]ボタンを使う

セルを自在に選択して業務を効率化する

セルを広い範囲で選択したい場合、ひたすらシートをクリックして移動しながら選択するのは効率がよくありません。「Shift」キーを使う、または直接セル番地を指定する方法などをマスターして、業務を効率的に行いましょう。なお、選択するセルの範囲のことを「セル範囲」と呼びます。覚えておきましょう。

「Shift」キーを使って広い範囲を選択する

始点となるセルを選択し、「Shift」キーを押しながら対角にあたるセルをクリックすると、その間のセル範囲を選択できます。

❶始点のセルを選択

❷「Shift」キーを押しながら、対角にあたるセルをクリック

❸この部分が選択される

名前ボックスを使って広い範囲を選択する

左上にある「名前ボックス」に範囲を直接入力することでも一瞬でセル範囲を選択することが可能です。

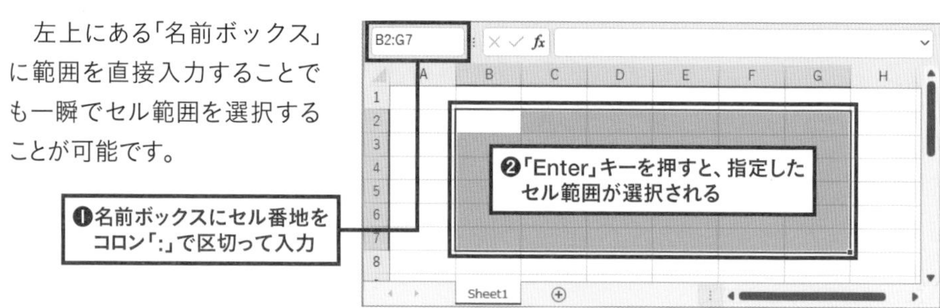
B2:G7
❶名前ボックスにセル番地をコロン「:」で区切って入力
❷「Enter」キーを押すと、指定したセル範囲が選択される

シート・表・行・列の単位でセルを素早く選択する

複数のセルの設定をまとめて行いたい場合、シート・表・行・列といった単位でセルを選択する必要があります。そのような際は、簡単に選択できるテクニックを有効活用しましょう。作業がぐっと楽になります。

シート全体を選択する

すべてのセルを選択するには、[全セル選択] ボタンを押しましょう。選択しているセルの近くにデータが入力されていない場合、「Ctrl」+「A」キーを押すことでも選択できます。

❶[全セル選択]ボタンを押す(「Ctrl」+「A」キーでも可)
❷すべてのセルが選択できた

HINT 「Ctrl」+「A」キーで全選択できないとき

隣接するセルにデータが入力されていると、データのグループのみが選択されます(以下、「表を選択する」参照)。その場合は、2回「Ctrl」+「A」キーを押すことですべてのセルが選択できます。

表を選択する

作成した表を一気に選択するには表の中のセルを選択した状態で「Ctrl」+「A」キーを押します。

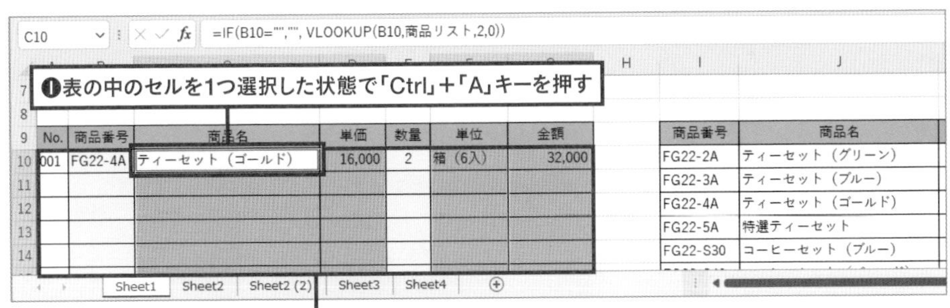
❶表の中のセルを1つ選択した状態で「Ctrl」+「A」キーを押す
❷表全体を選択できた

02 数式が入力されたセルだけをまとめて選択できる

- 条件を指定してセルを選択できる
- 検索条件は[数式]「空白」の他にも多種多様

セルを選択する際に条件を指定することもできます。たとえば空白のセルをまとめて選択することで、44ページのワザとあわせて一気に文字を入力したりできます。ここでは数式が入力されたセルを検索し、まとめて選択してみましょう。

1 [検索と選択]をクリックする

[ホーム]タブから[検索と選択]をクリックして、[条件を選択してジャンプ]を選択します。

❶[ホーム]タブの[検索と選択]をクリック

❷[条件を選択してジャンプ]を選択

2 検索する条件を選択する

選択オプションが表示されるので、[数式]を選択します(空白セルを選択したいときは[空白]を選択)。[OK]ボタンをクリックすると、数式が入力されたセルのみが選択されます。

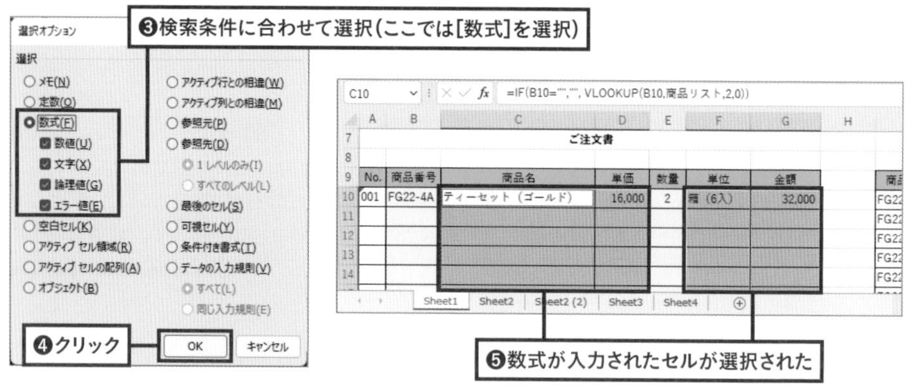

03 思い通りの表を作る第一歩! 行や列を挿入・削除するには

- 行と列の挿入と削除は右クリックして[挿入]を選択
- 行は縦方向、列は横方向と覚える

表を作成しているときに便利な列(縦方向)や行(横方向)を追加する方法もおさえておきましょう。

列や行を挿入する

挿入したい位置の列(または行)を選択し、右クリックして[挿入]を選択します。

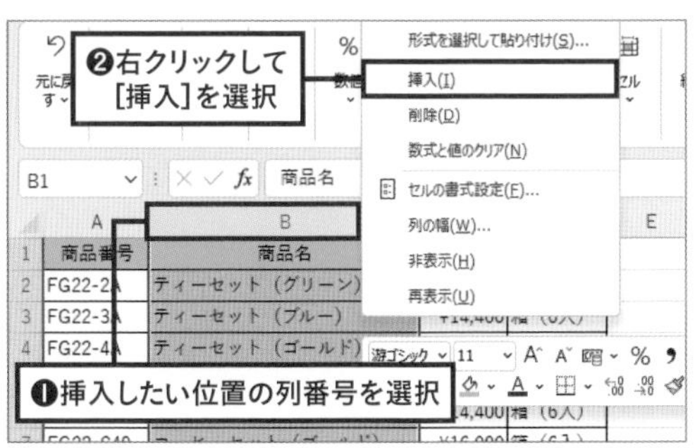

列や行を削除する

削除したい行(または列)を選択し、右クリックして[削除]を選択します。

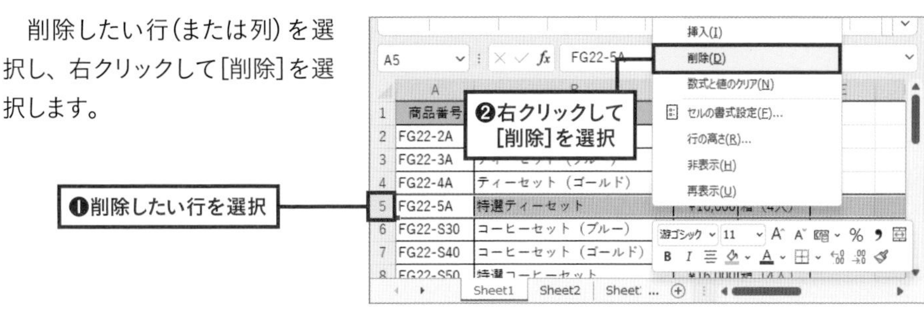

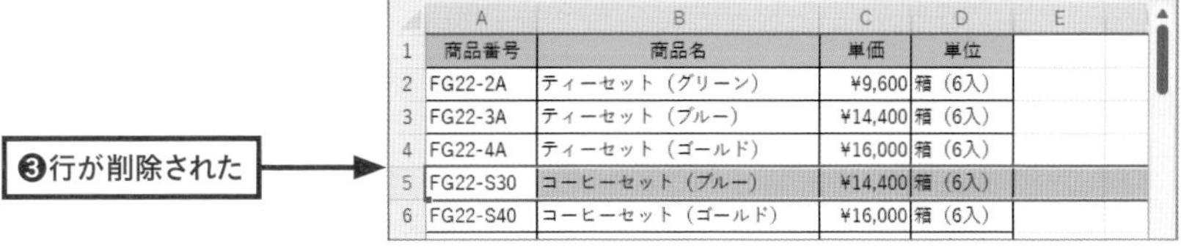

	A	B	C	D
1	商品番号	商品名	単価	単位
2	FG22-2A	ティーセット(グリーン)	¥9,600	箱(6入)
3	FG22-3A	ティーセット(ブルー)	¥14,400	箱(6入)
4	FG22-4A	ティーセット(ゴールド)	¥16,000	箱(6入)
5	FG22-S30	コーヒーセット(ブルー)	¥14,400	箱(6入)
6	FG22-S40	コーヒーセット(ゴールド)	¥16,000	箱(6入)

04 作業の妨げになる行や列は一時的に隠しておく

●一時的に不要な行・列は非表示にして見やすくする
●非表示にした行・列をコピーするときはひと手間必要

表の作成時に、数値を参照するための行や列を用意することがあります。そのようなデータは削除せず、人にファイルを見せるときは非表示にしましょう。非表示にした行や列は印刷されません。

1 列番号・行番号を選択して非表示にする

行番号（列番号）を右クリックして、[非表示]を選択します。

行番号を見ると「2〜4行」が非表示になっているのがわかります。

2 非表示にした列や行を再度表示する

非表示にした列や行を再度表示するためには、行（列）番号の部分をドラッグして非表示になっている行（列）を含む複数行（列）を選択し、右クリックして[再表示]を選択します。

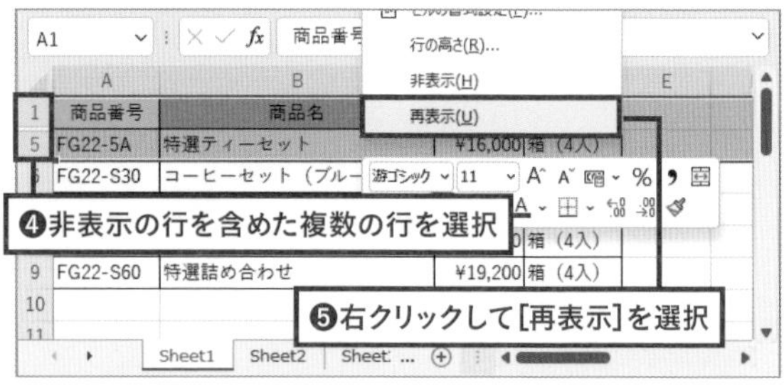

Column

非表示にしたはずの行や列がコピーされてしまう

非表示にした部分を含めたセル範囲をコピーして、そのまま貼り付けすると非表示の部分も含めてデータが複製されてしまいます。非表示の部分をコピーしたくない場合は、セル範囲を選択して「Alt」+「;」キーを押して貼り付けしましょう。

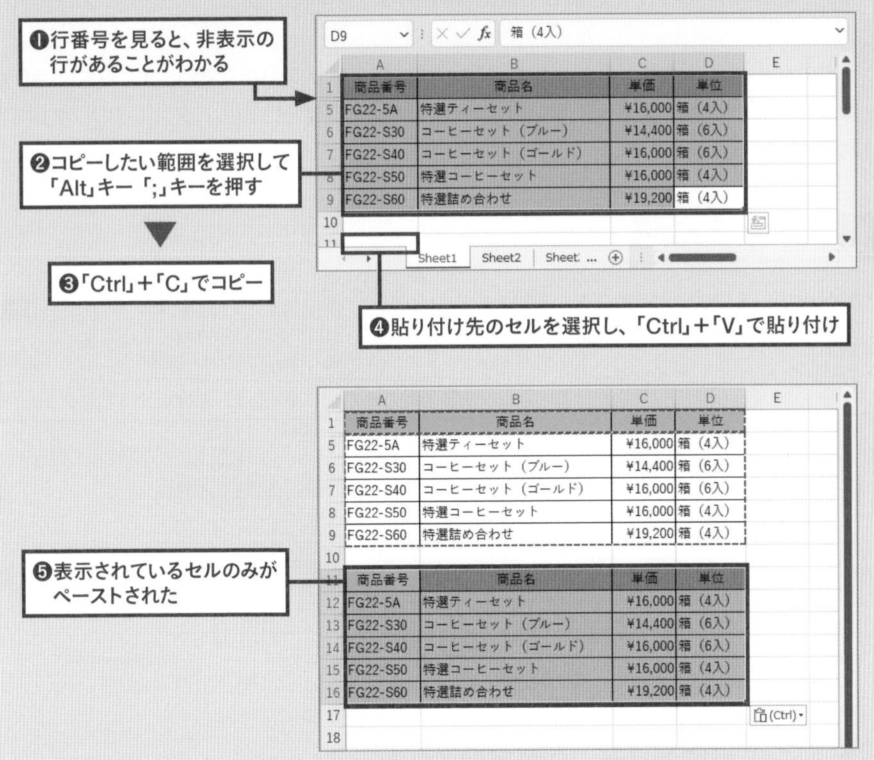
❶行番号を見ると、非表示の行があることがわかる
❷コピーしたい範囲を選択して「Alt」キー「;」キーを押す
❸「Ctrl」+「C」でコピー
❹貼り付け先のセルを選択し、「Ctrl」+「V」で貼り付け
❺表示されているセルのみがペーストされた

05 列の幅や行の高さを任意のサイズに調整したい

- ●行・列の幅は変更できる
- ●複数の列(行)を選択して自動調整すると効率的

セルのサイズが小さすぎると、入力した文字列の一部が隠れてしまいます。そのような場合は列の幅や行の高さを調整しましょう。ドラッグして広げる方法と、ダブルクリックして自動調整する方法があります。

1 列の幅を広げる

セルが小さくて文字が隠れてしまっている列番号の右側にポインターを合わせて、ポインターが ✛ の状態になったら右にドラッグします(左にドラッグすると、セル幅を狭くできます)。

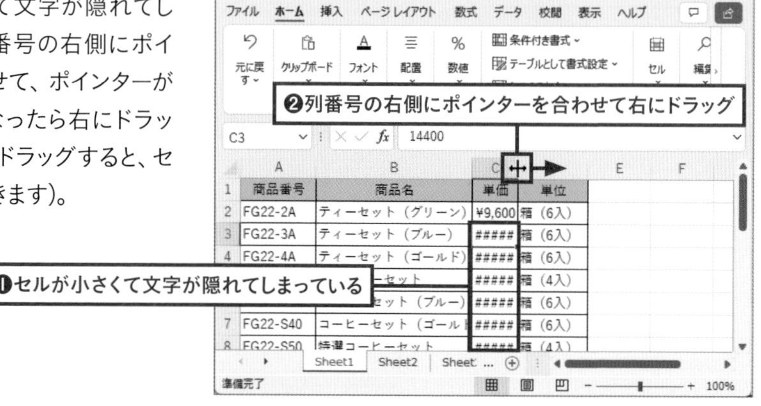

2 列の幅が広がりデータが表示された

セルの幅が広がったことで、隠れていたデータが表示されました。

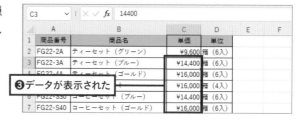

C3 14400

	A	B	C	D
1	商品番号	商品名	単価	単位
2	FG22-2A	ティーセット(グリーン)	¥9,600	箱(6入)
3	FG22-3A	ティーセット(ブルー)	¥14,400	箱(6入)
4		(ゴールド)	¥16,000	箱(6入)
5			¥16,000	箱(4入)
6		(ブルー)	¥14,400	箱(6入)
7	FG22-S40	コーヒーセット(ゴールド)	¥16,000	箱(6入)

❸データが表示された

列の幅を自動調整するには

手順❷のように列番号の右側にポインターを合わせ、ポインターが ✛ の状態でダブルクリックすると、その列(行)の一番文字数が多いセルに合わせてセル幅が自動調整されます。

06 作成したあとでも大丈夫！ 表の行と列を瞬時に入れ替える

- 行と列は簡単に入れ替え可能
- 見やすい表は縦長が基本

表の作成後、「行と列を逆にすればよかった……」と後悔したことはありませんか？　そんなときは再作成せず、コピーした表の行と列を入れ替えて貼り付けるワザを使いましょう。

1 表全体を選択する

行と列を入れ替えたい表全体を選択して「Ctrl」＋「C」でコピーできる状態にして、貼り付け先のセルを選択して右クリックしましょう。

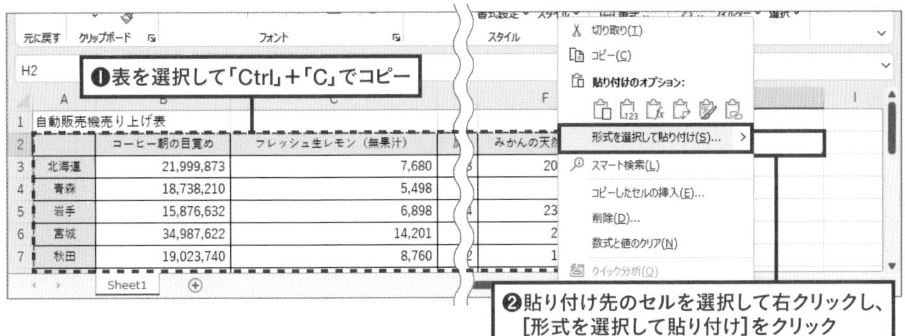

2 形式を選択して貼り付ける

[形式を選択して貼り付け]で、[行/列の入れ替え]にチェックを入れて[OK]をクリックします。

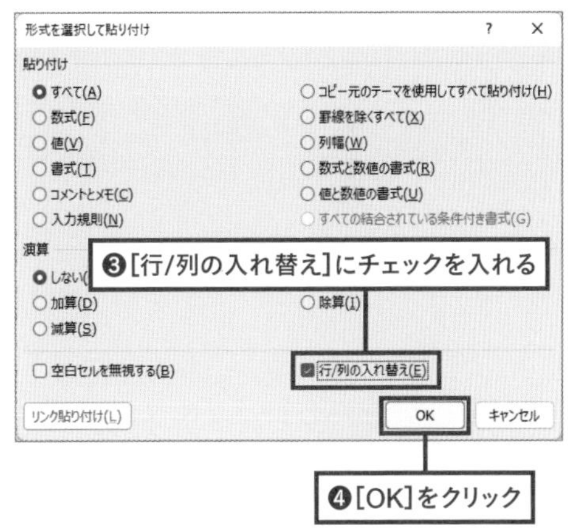

3 行と列が入れ替わった

貼り付け先のセルに、行と列を入れ替えた状態でコピーできました。

❺行と列を入れ替えてコピーできた

	北海道	青森	岩手	宮城	秋田	山形
コーヒー朝の目覚め	21,999,873	18,738,210	15,876,632	34,987,622	19,023,740	24,398,479
フレッシュ生レモン（無果汁）	7,680	5,498	6,898	14,201	8,760	9,038
炭酸が美味しい水	30,000,216	23,487,892	29,099,865	24,087,610	20,281,211	14,021,928
青森100%りんご丸絞りジュース	800,098	32,299,934	15,442,014	23,816,290	34,598,572	23,987,169
みかんの天然ソーダ	20,187,655	232,100	23,219,752	2,491,722	1,298,762	2,387,612

見やすい表の作り方

基本的に表は縦長で作成した方が見やすいものです。たとえば上の表のように商品の地域別売上表などを作成する場合は、文字数が多くなりがちな商品名を縦の見出しにした方が、表自体がスッキリします。

ただし、月ごとの売り上げをまとめる表のように、日付に関する項目は横方向の見出しにするのがよいでしょう。一目で時間の流れを判断しやすく、わかりやすい表が作成できます。

支店	1月	2月	3月	合計
函館	21,209,732	32,109,284	34,562,810	87,881,826
東京	98,928,183	78,291,721	99,018,365	276,238,269
大阪	87,201,231	81,028,648	92,826,539	261,056,418
神戸	42,162,739	68,201,922	69,402,813	179,767,474

時系列が関係する表は横長が基本

07 セルの内容を元のクリアな状態に戻して作業したい

- セルのデータを削除しただけでは書式はクリアされない
- 書式ごとデータを削除する方法、書式のみクリアする方法がある

37〜39ページのように文字列や日付を入力したセルは、単にデータを削除しただけでは書式の情報が残ってしまいます。日付を入力していたデータを削除して数値を入力したつもりが、日付形式で表示されてしまったりと、そのままで思うようにデータ入力ができません。書式を含めてクリアにする方法もおさえておきましょう。

入力したデータも設定した書式もすべてクリアする

書式の情報を含めてすべてクリアにするセルを選択し、[ホーム]タブから[クリア]をクリックして、[すべてクリア]を選択します。

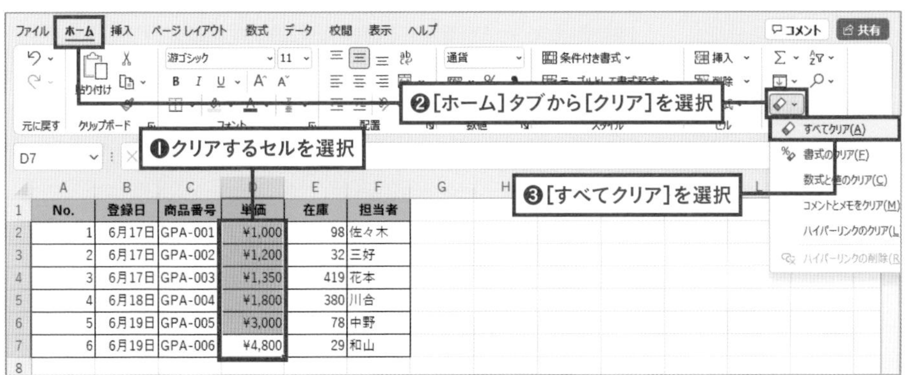

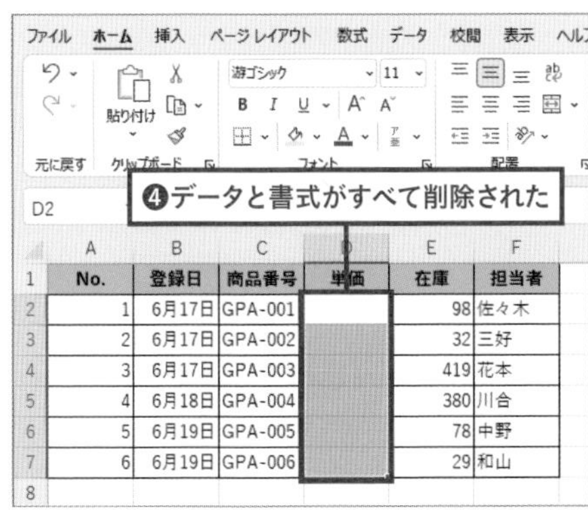

設定した書式だけクリアする

書式のみをクリアしたい場合は、❸の手順で[書式のクリア]を選択すると、データが残った状態で書式のみクリアされます。

08 シートから特定のデータを探し出す

- ●[検索と置換]画面で文字列の検索と置換が可能
- ●「Ctrl」+「F」で検索、「Ctrl」+「H」で置換と覚える

特定の文字列を検索する

シート内で任意の文字列を探す際は[検索と置換]画面を使用します。また[オプション]をクリックすると細かな検索条件を指定できます。

1 [検索と置換]画面を表示して検索する

シート上で「Ctrl」+「F」キーを押しましょう。[検索と置換]画面が表示されます。[検索]タブの[検索する文字列]に探す文字列を入力して[すべて検索]ボタンをクリックしましょう。

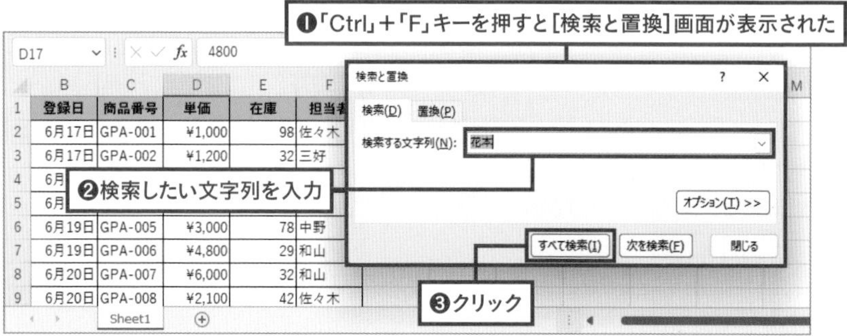

2 検索結果が表示される

[検索と置換]画面の下に検索結果が表示されました。試しに結果を1つクリックしてみると、該当のセルが選択されます。[次を検索]ボタンをクリックして、検索されたセルを選択していきましょう。目的のセルが選択されたら[閉じる]ボタンで終了します。

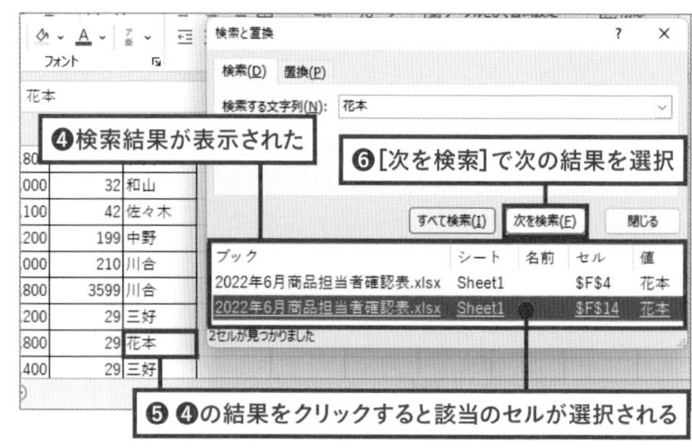

特定の文字列を置換する

「○○営業所」と入力したデータが正しくは「○○支店」だったという場合、置換機能を使ってまとめて修正しましょう。

1 [検索と置換]画面を表示する

シート上で「Ctrl」+「H」キーを押しましょう。[検索と置換]画面が表示されます。先程と同じ画面ですが、タブが[置換]になっていることを確認しましょう。
検索する文字列を[検索する文字列]に、置換したい文字列を[置換後の文字列]にそれぞれ入力します。

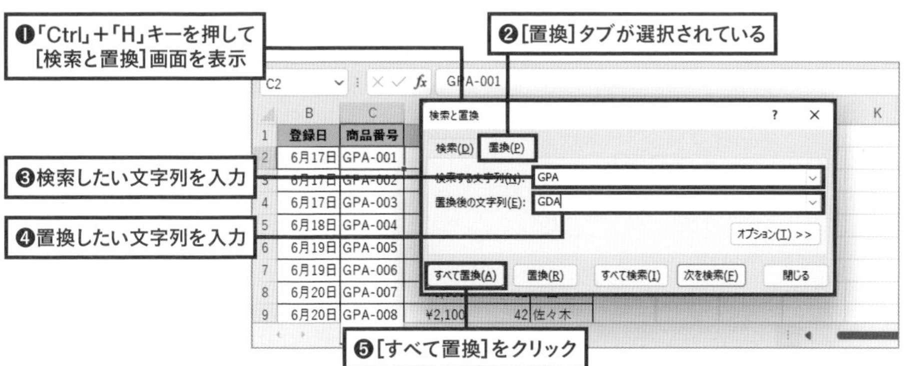

2 置換が完了した

置換が完了すると、置換した件数が表示されます。[OK]ボタンをクリックしましょう。シートを確認すると、[置換後の文字列]に入力した文字列に置き換わっていることがわかります。

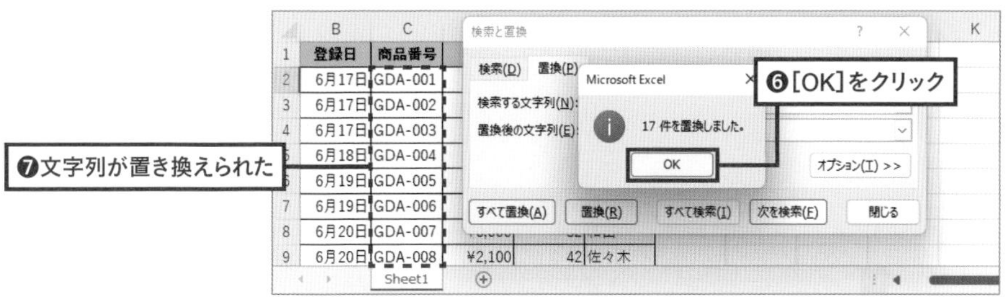

HINT [置換]と「すべて置換」を使い分ける

1つずつデータを確認しながら置換したいときは、[置換]ボタンをクリックしましょう。

セル内の余計な空白も置換で撃退

取引先や上司からもらったデータを元に表を作成していると、ときどき必要のない空白がデータの中に紛れて入力されていることがあります。こうしたスペースをまとめて削除するにも、置換機能が活用できます。

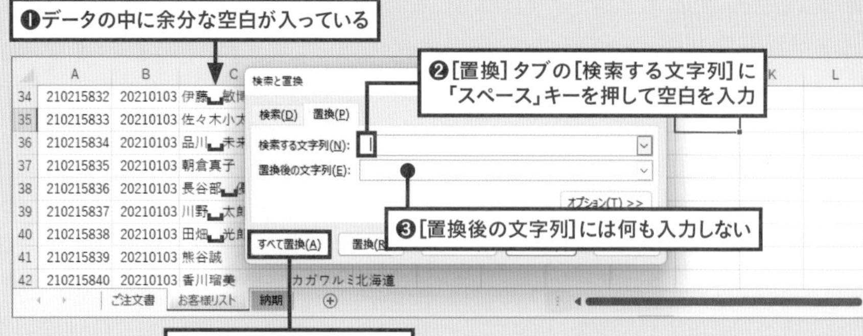

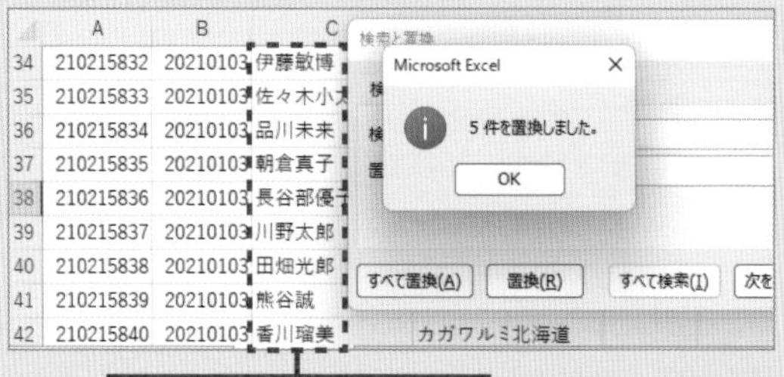

09 1つのセルに入力したデータを複数のセルに分けたい！

- データの入力ルールを変更したいときには［区切り位置］を活用
- 分割後のイメージはあらかじめ画面で確認できる

たとえば氏名が入力されているセルを、名字と名前、2つのセルに2分割したいと思ったことはないでしょうか。分割したい文字列の区切りにスペースやカンマなど共通の文字列が入っていれば、簡単に分割することができます。

1 対象のセル範囲を選択して［区切り位置］を選択する

対象となるセル範囲を選択し、［データ］タブから［区切り位置］をクリックします。［区切り位置指定ウィザード］が表示されました。［コンマやタブなどの区切り文字によってフィールドごとに区切られたデータ］を選択したら［次へ］ボタンをクリックします。「タブ」「セミコロン」「カンマ」「スペース」「その他」の中から区切り文字を指定しましょう。

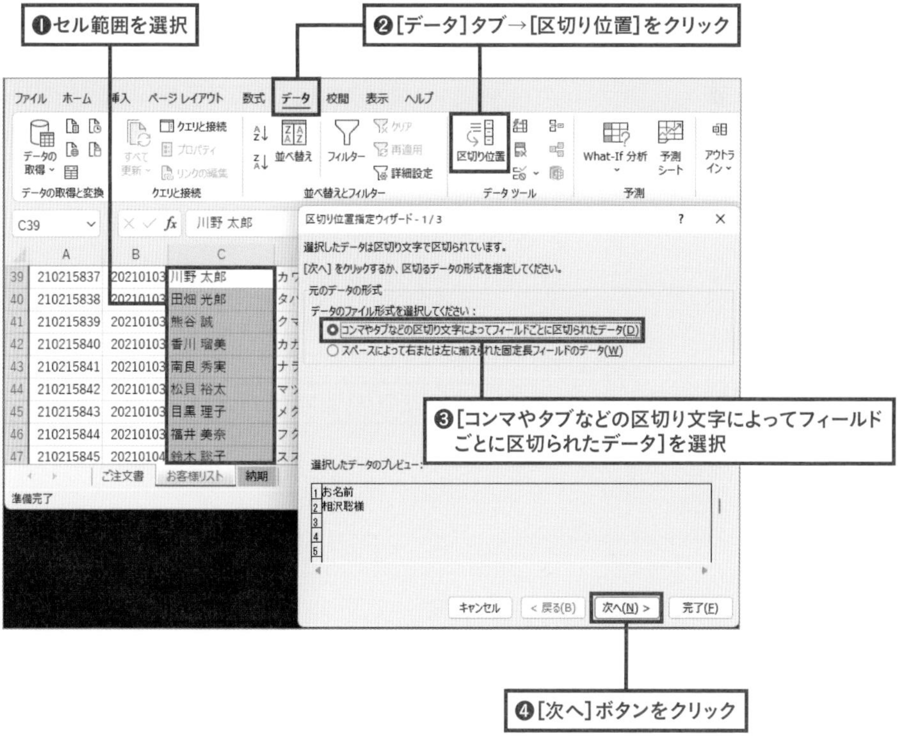

❶セル範囲を選択

❷［データ］タブ→［区切り位置］をクリック

❸［コンマやタブなどの区切り文字によってフィールドごとに区切られたデータ］を選択

❹［次へ］ボタンをクリック

2 区切り文字を指定する

データの形式に合わせて区切り文字を指定します。ここではスペースを指定しました。

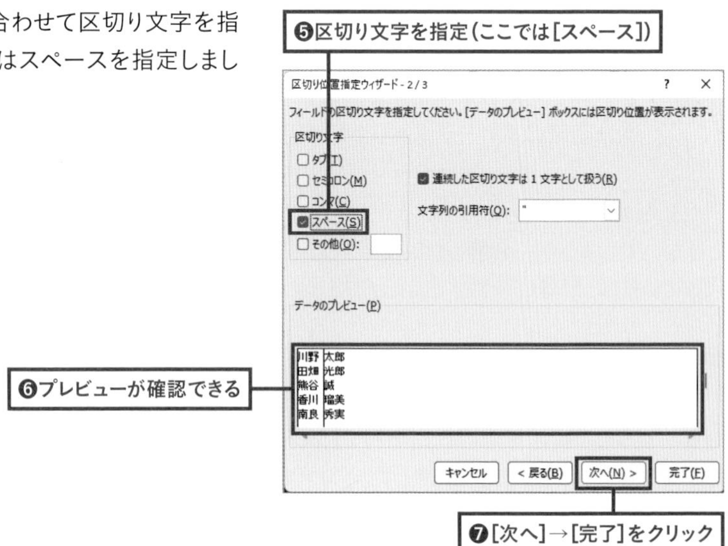

3 データが分割された

指定した区切り文字でデータが分割されました。

	A	B	C	D	E	F	G
39	210215837	20210103	川野	太郎	北海道		
40	210215838	20210103	田畑	光郎	北海道		
41	210215839	20210103	熊谷	誠	北海道		
42	210215840	20210103	香川	瑠美	北海道		
43	210215841	20210103	南良	秀実	北海道		
44	210215842	20210103	松貝	裕太	北海道		
45	210215843	20210103	目黒	理子	北海道		
46	210215844	20210103	福井	美奈	北海道		
47	210215845	20210104	鈴木	聡子	青森県		

10 2つのブックを見比べて内容をじっくり精査したい

- [整列]を活用して複数のシートの内容を確認する
- 同じブックの異なるシートも同時に表示できる

2つのブックを並べて表示する

文書のチェック時は、2つのブックを同時に開いて内容を確認する場面もあるでしょう。その際はウィンドウを整列表示する機能を使うと便利です。表示したい2つのブックをあらかじめ開いておいてください。

1 [整列]をクリックして並べ方を選ぶ

表示したい2つのブックを開き、左側に表示したい方のブックを選び、[表示]タブから[整列]をクリックして、並べ方を選択します。ここでは[並べて表示]を選択しました。

2 ブックが整列された

異なるブックがウィンドウが指定の方法で整列され、同時に表示することができました。

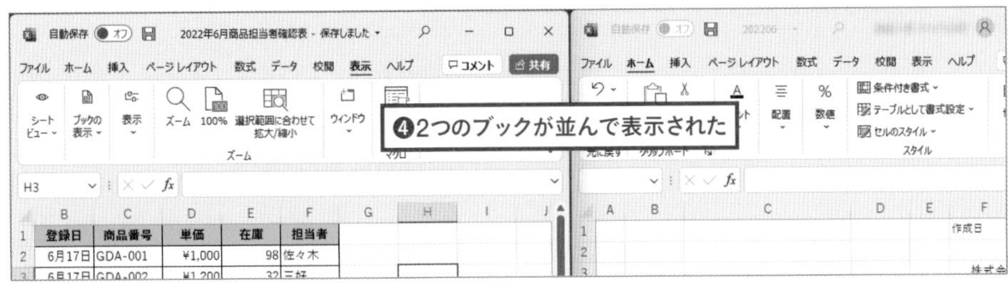

並べたウィンドウを同時にスクロールする

[ウィンドウ]グループにある[並べて比較]をクリックすると、複数のウィンドウを同時にスクロールできます。[並べて比較]は[上下に並べて表示]がデフォルトの状態なので、前記のように左右に2つのブックを並べて表示したいときは、その後、[整列]→[並べて表示]を選択しましょう。

ブック内の異なるシートを同時に表示する

同じブック内にある複数のシートも同時に表示できます。同じように[ウィンドウの整列]を使いますが、その前に新しいウィンドウを表示する操作が必要です。

1 シートを新しいウィンドウで表示する

並べて表示したいシートのうちの1つを開き、[表示]タブから[新しいウィンドウを開く]をクリックしましょう。

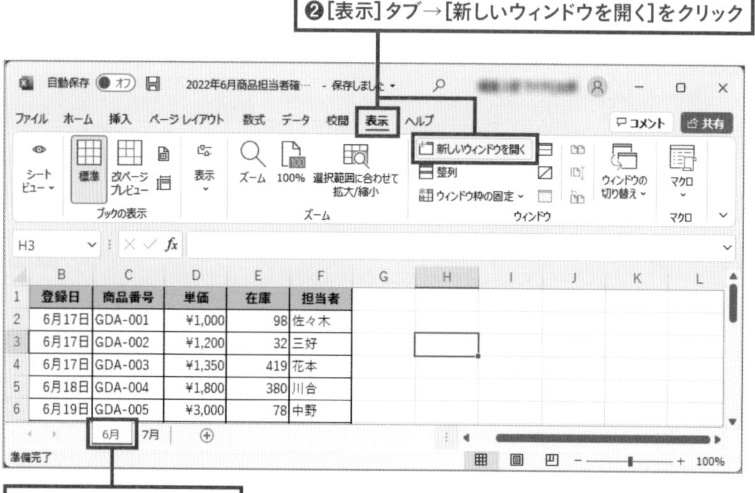

2 表示方法を選択する

新しいウィンドウが開かれると、タイトルバーのブック名の後ろに「2」と表示されています。[整列]をクリックして表示方法を選択します。並べて表示されたら、一方のウィンドウでシートを切り替えましょう。これでブック内の異なるシートを同時に表示できました。

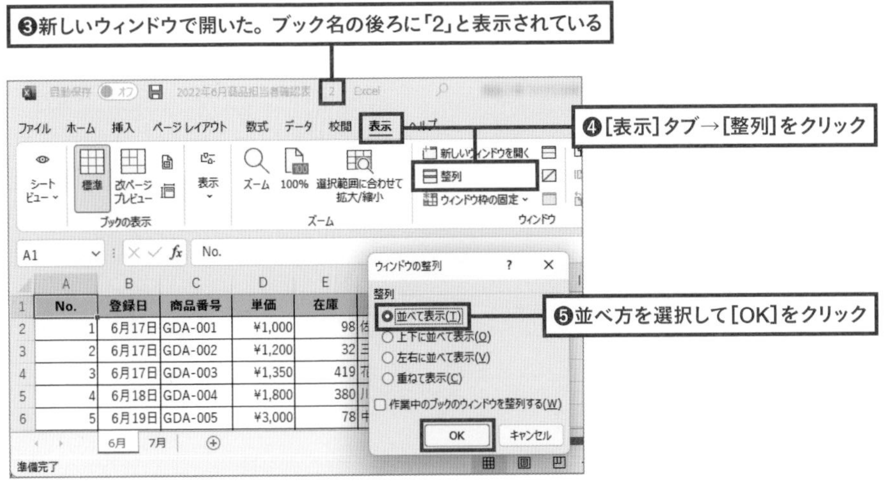

❻2つのブックが並んで表示された

	A	B	C	D	E	F
1	No.	登録日	商品番号	単価	在庫	担当者
2	1	6月17日	GDA-001	¥1,000	98	佐々木
3	2	6月17日	GDA-002	¥1,200	32	三好
4	3	6月17日	GDA-003	¥1,350	419	花本
5	4	6月18日	GDA-004	¥1,800	380	川合
6	5	6月19日	GDA-005	¥3,000	78	中野
7	6	6月19日	GDA-006	¥4,800	29	和山
8	7	6月20日	GDA-007	¥6,000	32	和山
9	8	6月20日	GDA-008	¥2,100	42	佐々木
10	9	6月20日	GDA-009	¥3,200	199	中野
11	10	6月23日	GDA-010	¥2,000	210	川合
12	11	6月24日	GDA-011	¥4,800	3599	川合
13	12	6月25日	GDA-012	¥3,200	29	三好
14	13	6月25日	GDA-013	¥4,800	29	花本
15	14	6月26日	GDA-014	¥6,400	29	三好
16	15	6月27日	GDA-015	¥2,100	29	佐々木

	A	B	C	D
1	登録日	商品番号	単価	在庫
2	7月7日	GDA-001	¥1,000	31
3	7月7日	GDA-002	¥1,200	21
4	7月7日	GDA-003	¥1,350	320
5	7月7日	GDA-004	¥1,800	210
6	7月7日	GDA-005	¥3,000	54
7	7月8日	GDA-006	¥4,800	11
8	7月8日	GDA-007	¥6,000	8
9	7月8日	GDA-008	¥2,100	6
10	7月9日	GDA-009	¥3,200	101
11	7月9日	GDA-010	¥2,000	187
12	7月9日	GDA-011	¥4,800	3218
13	7月9日	GDA-012	¥3,200	45
14	7月10日	GDA-013	¥4,800	23
15	7月10日	GDA-014	¥6,400	12
16	7月10日	GDA-015	¥2,100	31

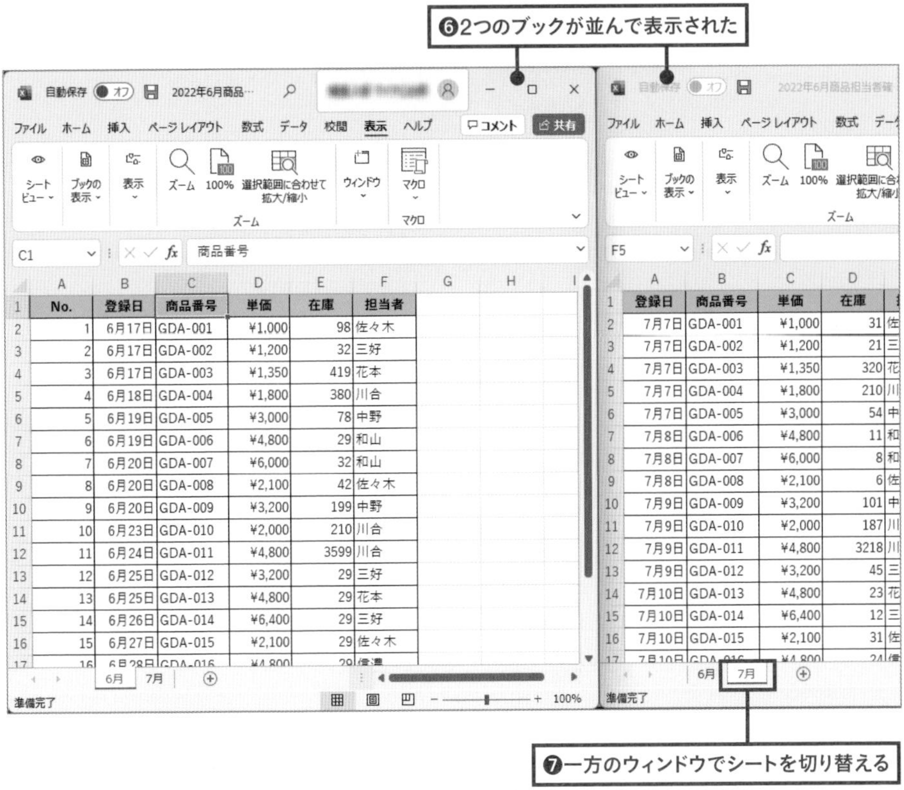

❼一方のウィンドウでシートを切り替える

Excel作業を楽にするショートカットキー

64ページの「検索・置換」画面の表示で説明したように、Excelの操作はショートカットキーを使うことで大幅に作業時間を短縮できます。ここでは本書で紹介しているショートカットキーの他、覚えていると便利なものを一覧にまとめました。タブとリボンを選択するより、楽に操作が行えるので、ぜひ日々の業務に取り入れてみましょう。

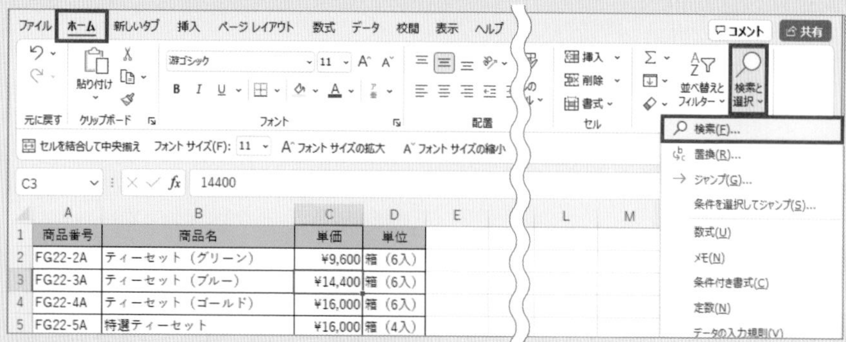

検索画面を表示するにも、タブとリボンから選択すると[ホーム]→[検索と選択]→[検索]と手間がかかるが、ショートカットキーなら「Ctrl」+「F」キーを押すだけで表示できる

操作内容	キー操作
セルの内容を編集する	「F2」キー
セルを右に移動する	「Tab」キー
セル内で改行する	「Alt」+「Enter」キー
上のセルと同じ内容を入力する	「Ctrl」+「D」キー
左のセルと同じ内容を入力する	「Ctrl」+「R」キー
シート全体を選択する	「Ctrl」+「A」キー
行全体を選択する	「Shift」+「スペース」キー
列全体を選択する	「Ctrl」+「スペース」キー
セルの内容をコピーする	「Ctrl」+「C」キー
コピーしたセルの内容を貼り付けする	「Ctrl」+「V」キー
検索画面を表示する	「Ctrl」+「F」キー
置換画面を表示する	「Ctrl」+「H」キー
本日の日付を入力する	「Ctrl」+「;」キー
[セルの書式設定]画面を表示する	「Ctrl」+「1」キー

Chapter4

書式の変更で見やすい文書を作る

ここからは作成した資料を見栄えのいい文書に仕上げていきます。文字やセルに色を付けて目立たせたり、配置を揃えたり、円記号や独自の単位を付けたりと、さまざまなテクニックを紹介します。ビジネス文書は装飾を最低限に控え、読みやすさを意識しましょう。

01 文字の書体やサイズを整えて見栄えのよい資料を作りたい

- 文字の書体やサイズを工夫して読みやすい資料を作る
- ビジネス資料には「ゴシック体」「明朝体」が無難

作成したExcel文書をより見やすくするために、文字の書体(フォント)やサイズを工夫しましょう。

文字の書体を変える

文字の書体を変更するには、対象となるセルを選択し、[ホーム]タブの[フォント]の[V]をクリックします。選択できるフォントがリストで表示されるので、ポインターを合わせて選択しましょう。

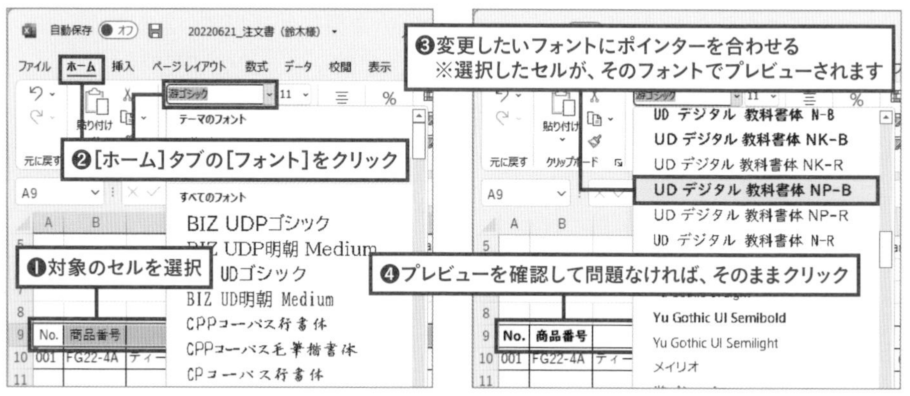
❶対象のセルを選択
❷[ホーム]タブの[フォント]をクリック
❸変更したいフォントにポインターを合わせる
※選択したセルが、そのフォントでプレビューされます
❹プレビューを確認して問題なければ、そのままクリック

ビジネス資料に適切なフォント

資料作成の際には、「ゴシック体」や「明朝体」など、落ち着いたフォントを選びましょう。「游ゴシック」や「游明朝」、「BIZ UDゴシック」「BIZ UD明朝」などがおすすめです。

文字のサイズを変える

文字のサイズを変更するには、書体と同じように対象となるセルを選択し、[ホーム]タブの[フォントサイズ]の[V]をクリックします。変更したい文字のサイズにポインターを合わせて選択しましょう。

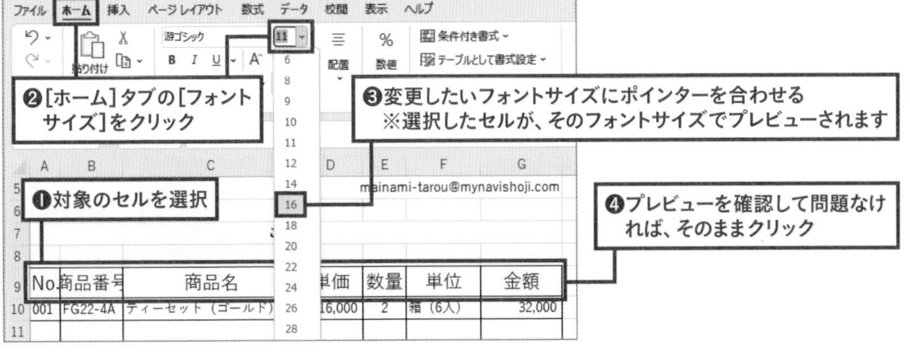
❷[ホーム]タブの[フォントサイズ]をクリック
❸変更したいフォントサイズにポインターを合わせる
※選択したセルが、そのフォントサイズでプレビューされます
❶対象のセルを選択
❹プレビューを確認して問題なければ、そのままクリック

文字の色を変える

要素によって文字の色を変えて読みやすくしましょう。ただし、多くの色を使いすぎるのは逆効果。2〜3色程度に抑えるのが無難です。セルを選択して、[ホーム]タブの[フォントの色]をクリックし、変更したい色にポインターを合わせて選択します。

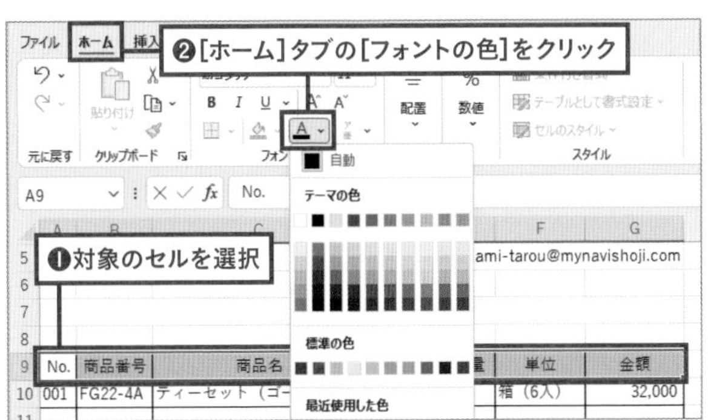
❷[ホーム]タブの[フォントの色]をクリック
❶対象のセルを選択

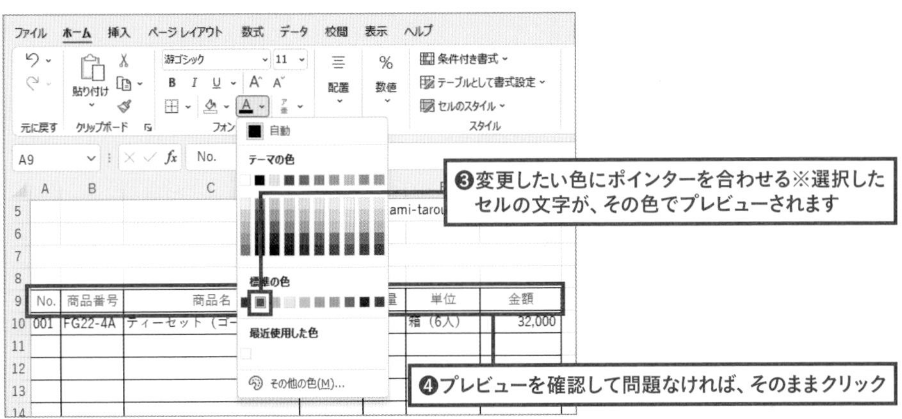
❸変更したい色にポインターを合わせる※選択したセルの文字が、その色でプレビューされます
❹プレビューを確認して問題なければ、そのままクリック

HINT カラーパレット以外の色を選ぶ

カラーパレットに表示されている以外の色を選ぶには[ホーム]タブから[フォントの色]をクリックし、[その他の色]を選択します。❶[標準]タブで目的の色を選択して、❷[OK]ボタンをクリックしましょう。❸[ユーザー設定]タブでは、好みの色を作成できます。

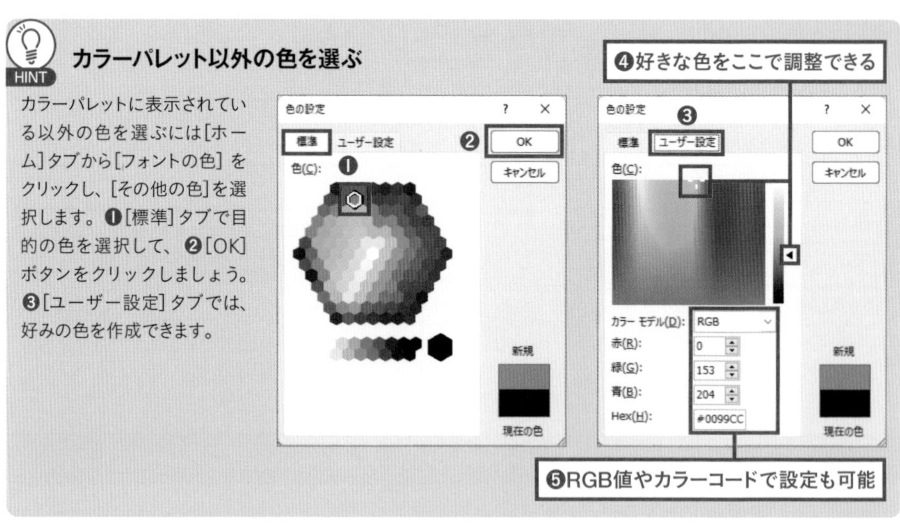

セルに着色する

表を作成する際には、セルに色を付けることで見栄えよく仕上げることができます。文字色の変更テクニックと組み合わせて、セル内の文字が読みにくくならないような配色を心がけましょう。セルを選択して、[ホーム]タブの[塗りつぶしの色]をクリックし、変更したい色にポインターを合わせて選択します。

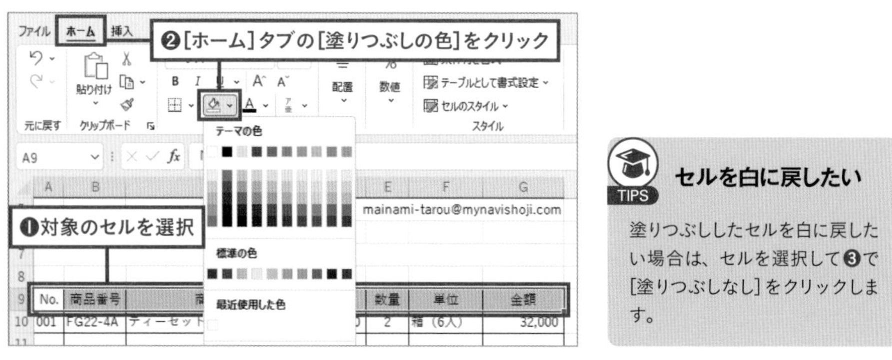

TIPS セルを白に戻したい

塗りつぶししたセルを白に戻したい場合は、セルを選択して❸で[塗りつぶしなし]をクリックします。

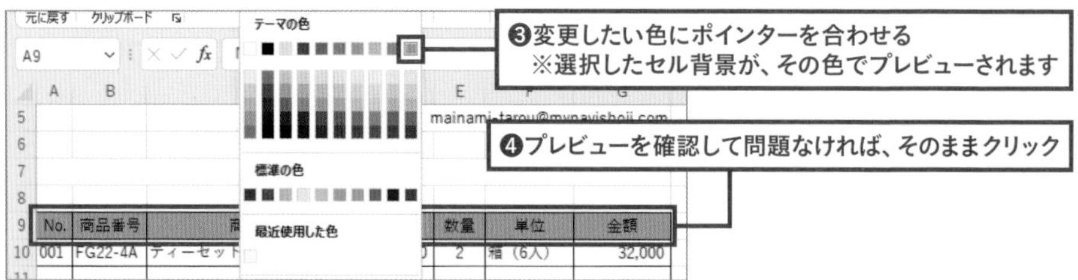

文字を太字にする

資料中で文字列の一部を強調したいときは、太字・斜体・下線といったスタイルを適用するのも1つの手です。使用は強調するべき部分にのみとどめ、使い過ぎに注意しましょう。セルを選択して、[ホーム]タブの[太字]をクリックします。

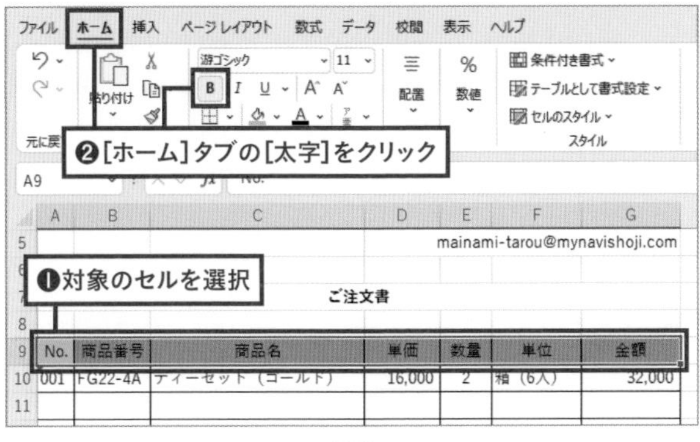
❷[ホーム]タブの[太字]をクリック
❶対象のセルを選択

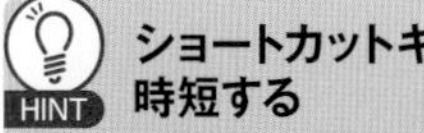
HINT

ショートカットキーで時短する

セルを選択して「Ctrl」+「B」キーを押すことでも太字の設定と解除ができます。

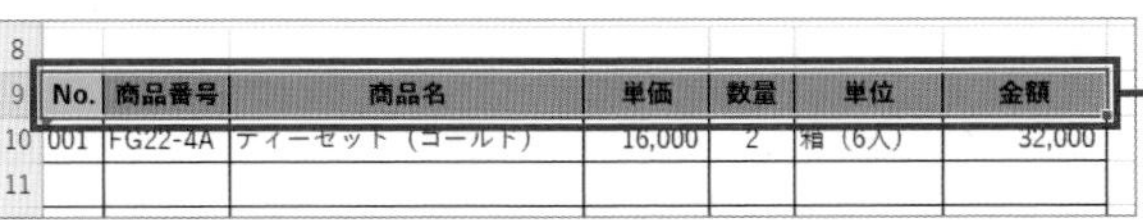
❸太字に変更された

HINT 斜体と下線を付ける

❷の手順で[斜体]と「下線」を選択すると、スタイルが適用されます。

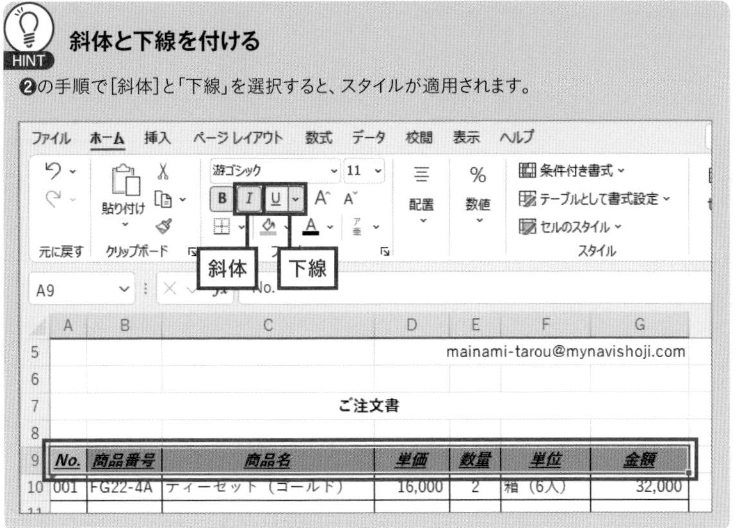
斜体
下線

02 罫線を引いて見やすい表を作る

- ●表の作成に欠かせない罫線をマスターする
- ●通常の線以外に太線や二重線なども選ぶことができる

罫線を引くことで、セル同士の境界が明らかになり見やすい表ができます。ここでは表全体に格子状の罫線を引く方法と、罫線を一部のみ二重線にする方法を解説します。

1 表に罫線を引く

表全体に罫線を引くには、対象となるセルを選択し、[ホーム]タブの罫線を選択します。

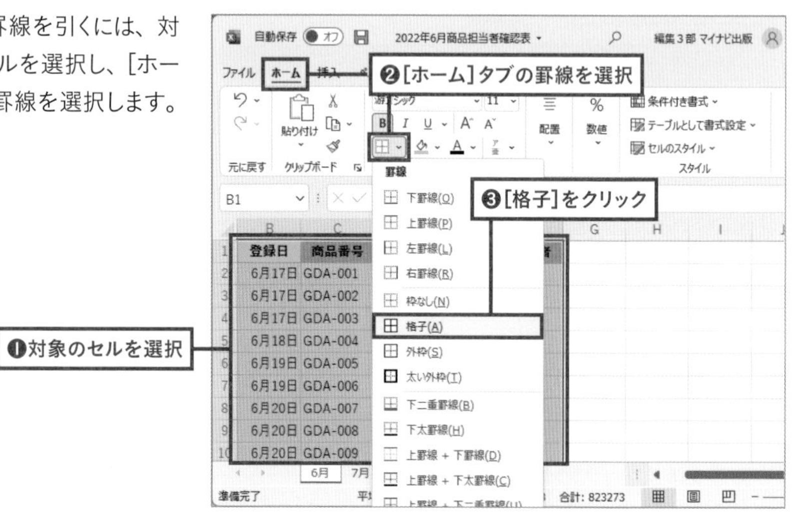
❷[ホーム]タブの罫線を選択
❸[格子]をクリック
❶対象のセルを選択

2 罫線が引かれた

選択したセルすべてに格子状に罫線が引かれました。

罫線を一部だけ削除したい

特定の部分のみ罫線を削除したい場合は、削除したい罫線のセルを選択して❷の手順で[枠なし]を選択します。

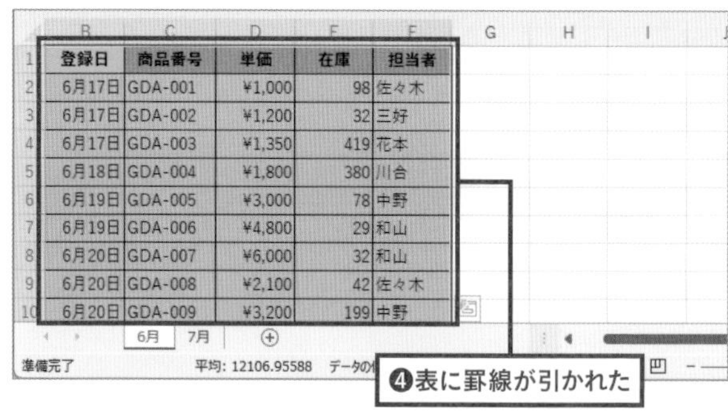
❹表に罫線が引かれた

Column 色々な罫線が選択できる

リボンから罫線を引く方法を解説しましたが、[セルの書式設定]からも罫線の設定が可能です。

まず❶セルを選択して右クリックして、❷[セルの書式設定]をクリックします。

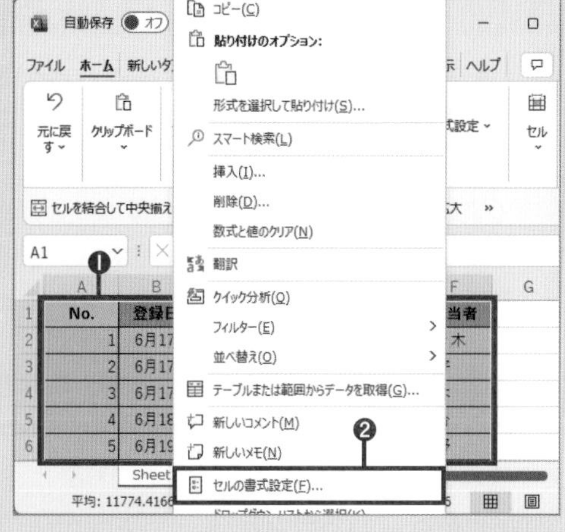

[セルの書式設定]画面で❸[罫線]タブを表示し、線のスタイルを選んで❹[外枠]と[内側]をクリックして❺[OK]を押すと同じように格子の罫線が引けます。

また、スタイルの部分を確認すると点線や太線などさまざまな罫線を選択できることがわかります。下の図は外枠を❻、内側を❼の線を選んだ表です。また、❽からは罫線の色を選択できるので、色を変更したい場合は、罫線を引く前にここで色を変えておきましょう。

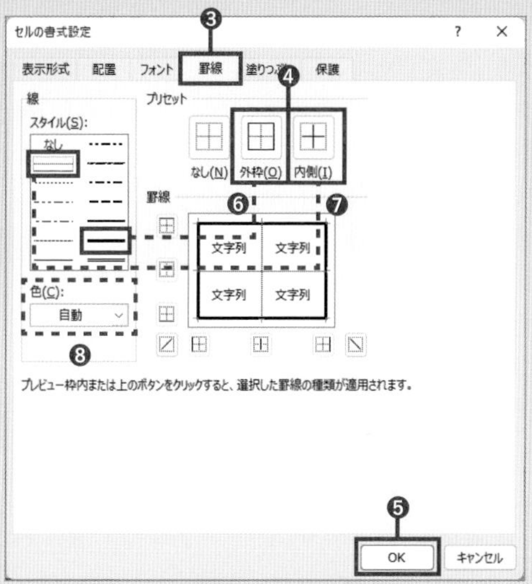

No.	登録日	商品番号	単価	在庫	担当者
1	6月17日	GDA-001	¥1,000	98	佐々木
2	6月17日	GDA-002	¥1,200	32	三好
3	6月17日	GDA-003	¥1,350	419	花本
4	6月18日	GDA-004	¥1,800	380	川合
5	6月19日	GDA-005	¥3,000	78	中野
6	6月19日	GDA-006	¥4,800	29	和山
7	6月20日	GDA-007	¥6,000	32	和山
8	6月20日	GDA-008	¥2,100	42	佐々木
9	6月20日	GDA-009	¥3,200	199	中野

03 文字列の左右揃えや上下揃えを指定して見やすく配置する

- 文字の定位置を決めて統一感のある資料作りを
- 「左揃え・中央揃え・右揃え」と「上揃え・中央揃え・下揃え」が設定可能

表内で文字列の左右・上下が揃っていないと、相手にばらばらな印象を与えてしまい、説得力のない資料になってしまいます。見やすい表を作るため、タイトル部分の文字は中央揃え、内容は左揃えなど、文字の定位置を決めて統一するとよいでしょう。

セル内の文字を中央揃え・下揃えにする

文字を中央揃えにするには、セルを選択して[ホーム]タブの[中央揃え]をクリックします(再度同じ[中央揃え]をクリックすると中央揃えが解除され、初期状態の左揃えになります)。右揃えまたは左揃えにしたいときは、[中央揃え]の左右にあるアイコンをクリックします。

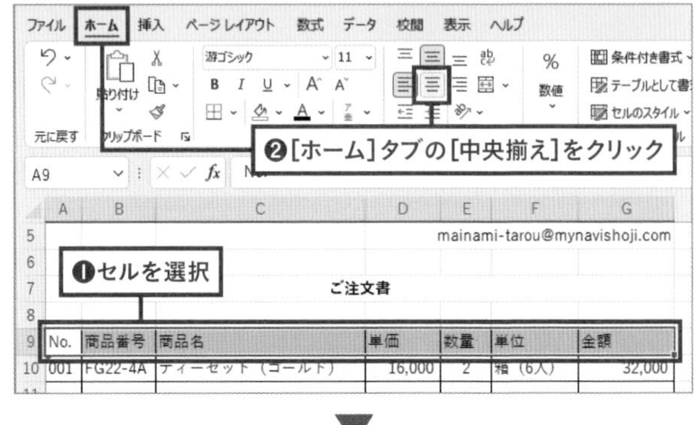

上揃えと下揃えも意識する

HINT

セル内の上下の位置も変更できます。❶初期状態では中央揃えになっていますが、❷[上揃え]をクリックすることで❸文字を上詰めに変更可能です。

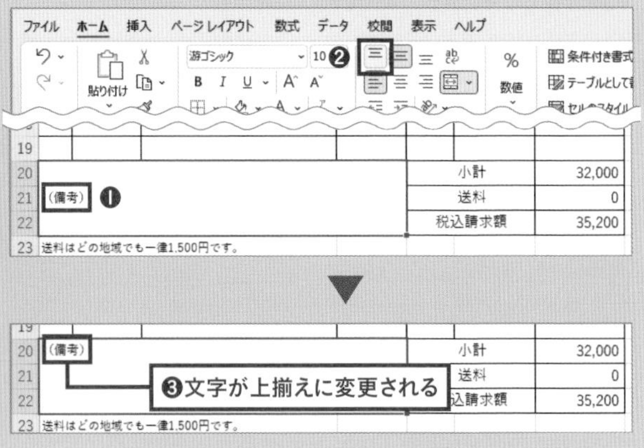

04 セルの大きさに合わせて文字を小さく表示する

- 任意の位置で改行するには「Alt」+「Enter」
- セルに合わせて文字サイズを小さくする際は読みやすさに注意

セル内の情報量が多すぎると、セルの幅を広げただけではすべて表示しきれません。そうしたときはセル内で文字列を折り返すように変更する、またはセルのサイズに合わせて文字のサイズを縮小して対処しましょう。

セル内で改行する

内容によっては区切りのいいところで改行すると、読みやすくなります。改行したいセルを選択して[ホーム]タブの[折り返して全体を表示する]をクリックします。再度クリックすると、折り返しが解除できます。

1 複数セルを選択して改行する

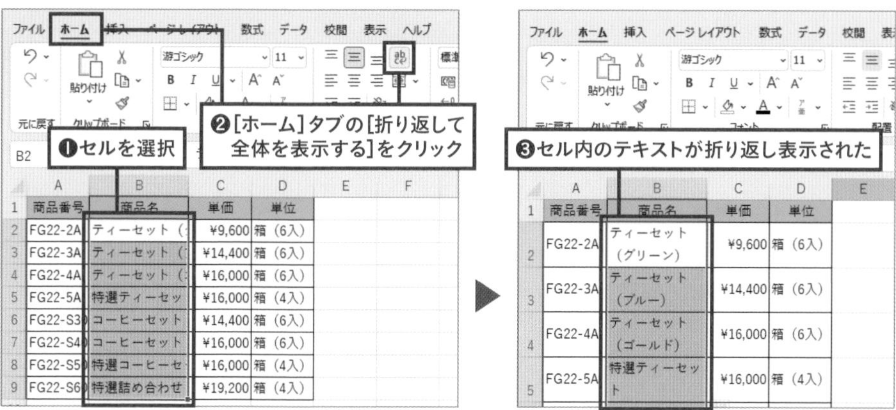
❶セルを選択
❷[ホーム]タブの[折り返して全体を表示する]をクリック
❸セル内のテキストが折り返し表示された

2 任意の位置で改行する

セル内で任意の位置で改行するには、ダブルクリックしてカーソルを改行位置に移動し、「Alt」+「Enter」キーを押すと改行できます。

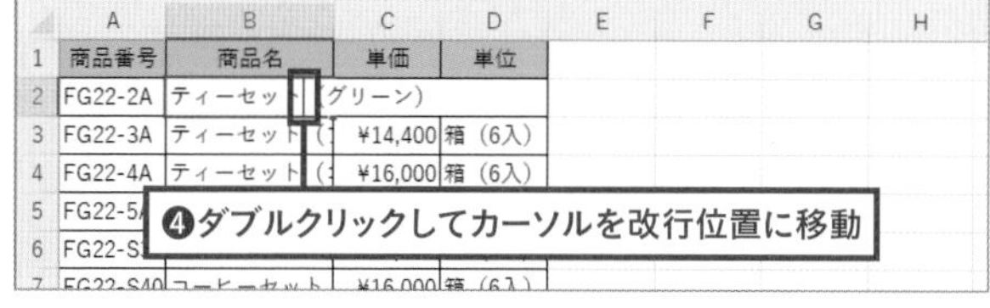
❹ダブルクリックしてカーソルを改行位置に移動

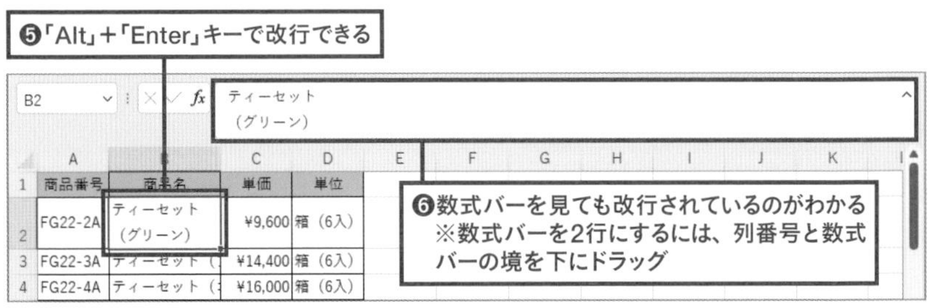

セルの大きさに合わせて文字を小さく表示する

作成する文書の大きさによっては、文字列が隠れないようにセルの幅を広げるにも限界があります。そのような場合はセルのサイズに合わせて文字のサイズを縮小できます。

1 ダイアログボックスを起動する

対象となるセルを選択し、[ホーム]タブの[ダイアログボックス起動ツール]を選択します。

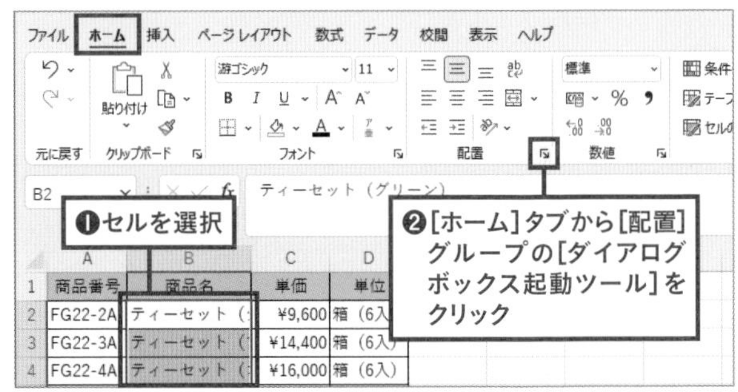

2 [縮小して全体を表示する]を選択する

[ダイアログボックス]が起動されたら、[配置]タブから[縮小して全体を表示する]にチェックを入れて[OK]を押します。

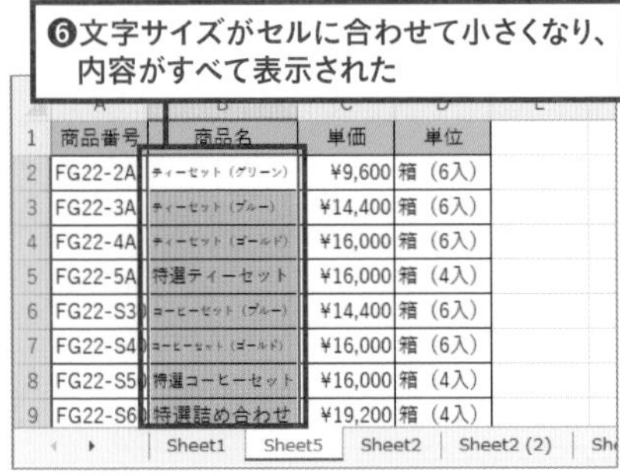

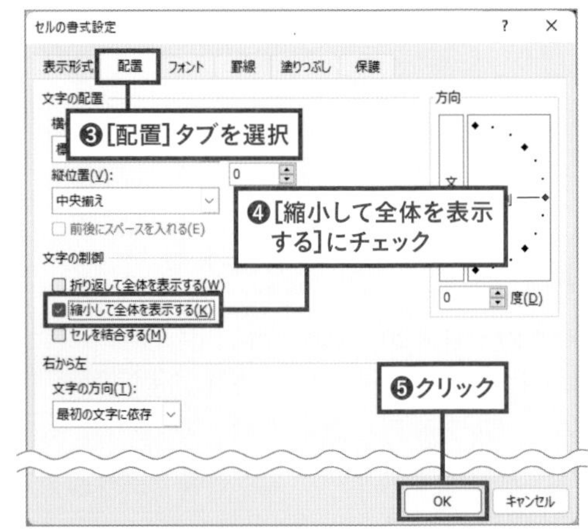

05 乱用はご法度！複数のセルを1つに結合する

- ●セルの結合と解除方法をマスターする
- ●データベース作成の際はセル結合は避けるのが吉

Excelには複数のセルを1つに結合する機能が用意されています。思い通りの表を作成するには欠かせない重要テクニックですが、あまり乱用しないように心がけて活用しましょう。特にデータベース作成の際には、結合したセルがあると、フィルター（166ページ）などが機能しなくなることがあるため、データベース作成の際には注意です。

1 セルを選択して結合する

結合したいセル範囲を選択し、[ホーム]タブから[配置]グループにある「セルを結合して中央揃え」をクリックします。

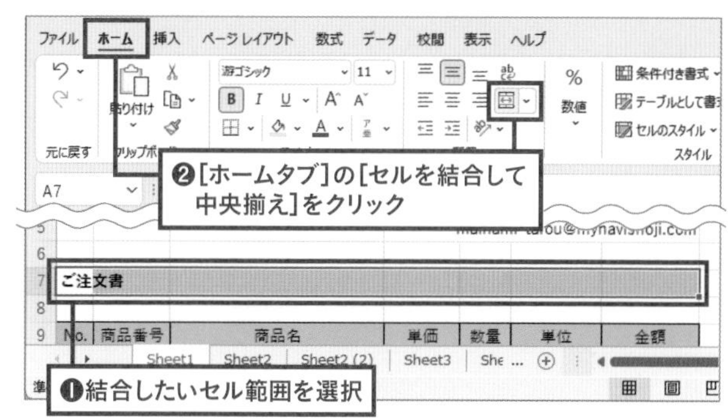
❷[ホームタブ]の[セルを結合して中央揃え]をクリック
❶結合したいセル範囲を選択

2 セルが結合された

選択していた複数のセルが結合され、1つになりました。

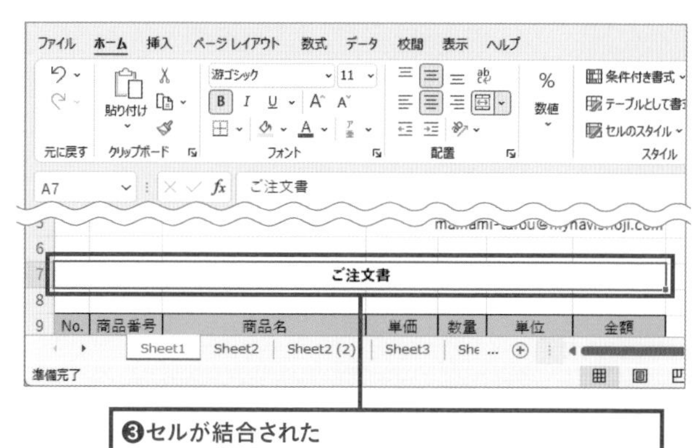
❸セルが結合された
※結合したセルを選択して、再度[セルを結合して中央揃え]をクリックするとセルの結合を解除できる

文字が入力された複数のセルを結合すると?

結合しようとしたセル範囲に、データが入力されたセルが複数含まれる場合は、左上のセルのデータだけが残り、他のセルのデータは削除されてしまいます。その際は❶メッセージが表示されます。

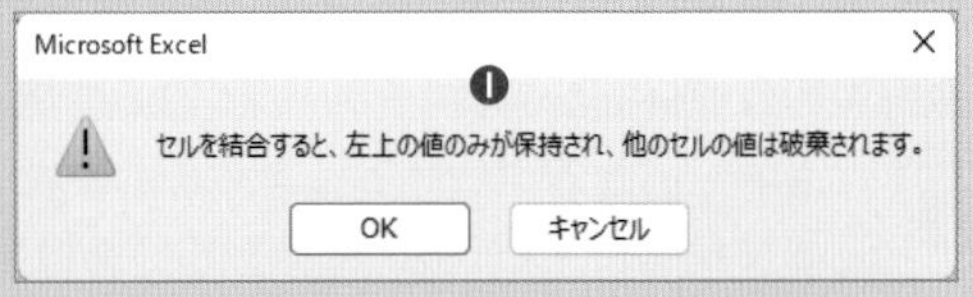

セルを結合せず表タイトルを中央揃えにしたい!

前ページのように表のタイトルを中央に配置したいためにセル結合をする、という人も多いのではないでしょうか。実は、セル結合しなくても表の幅に合わせて文字を中央揃えにすることができます。

セル範囲を選択し、[ホーム]タブの[配置]グループにある[ダイアログボックス起動ツール]をクリックします。❶[セルの書式設定]画面の[配置]タブで、❷[横位置]のリストをクリックします。❸[選択範囲内で中央]を選択して、❹[OK]ボタンをクリックしましょう。

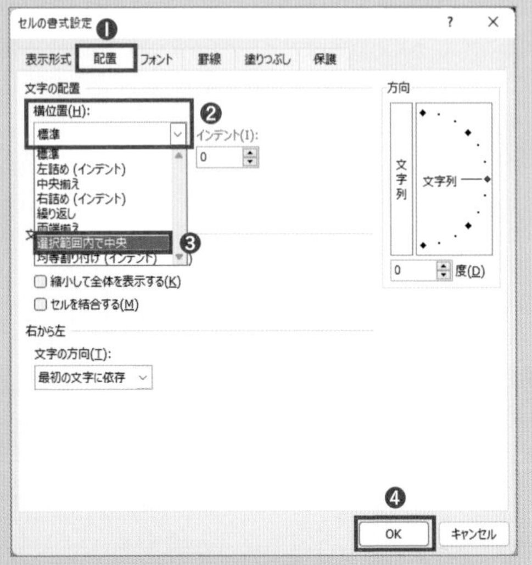

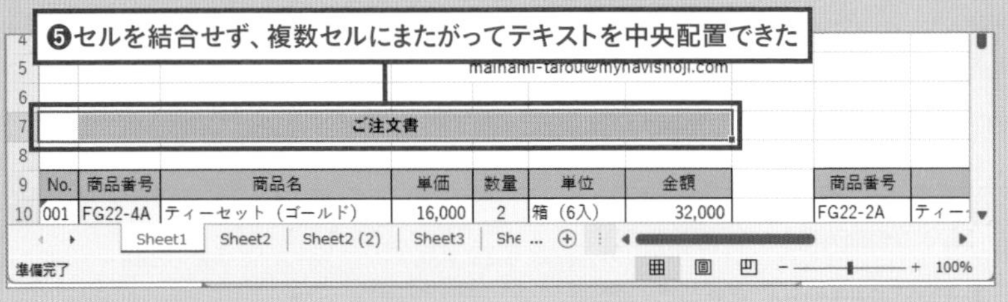

06 数値にはカンマや円記号を付けるのが見やすい資料のセオリー

- 数値はそのままにせず、桁区切りのカンマを付ける
- 「,」「¥」は手入力せず書式を設定する

数値計算に威力を発揮するExcelですが、数字には桁区切りのカンマや、場合によっては円の通貨記号を加えると見やすくなります。その際は手動で「,」「¥」の記号を入力すると、数値として扱われなくなってしまうため、Excelの機能を使って表示します。

桁区切りのカンマを付ける

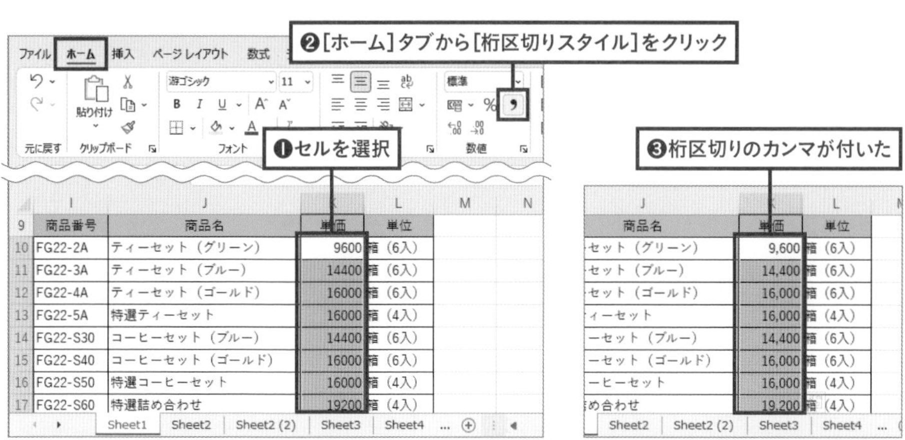

円の通貨記号を付ける

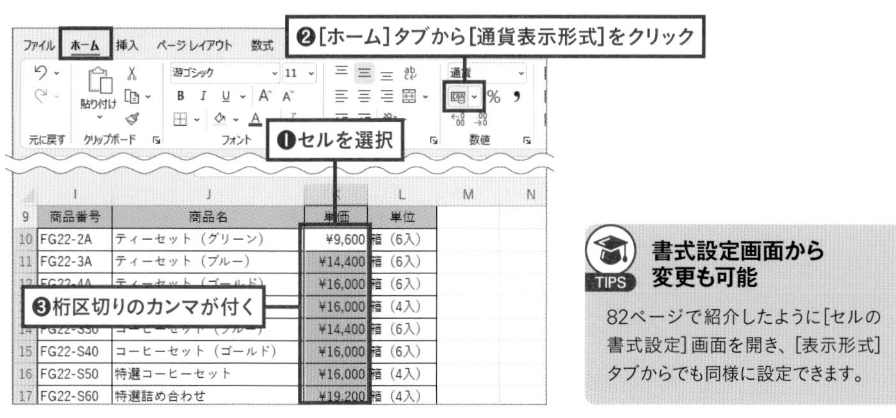

TIPS 書式設定画面から変更も可能

82ページで紹介したように[セルの書式設定]画面を開き、[表示形式]タブからでも同様に設定できます。

数値をパーセント表示して比率や割合を表す

- 「%」も書式設定で表示できる
- 小数点以下の数字を表示するときはひと手間必要

「%」表示に変更する

数値を「%」(パーセント)で表示するには、リボンの[パーセントスタイル]をクリックします。その際は小数点以下の数字が隠れてしまうので、下のコラムを参考に小数点以下の表示桁数を指定しましょう。

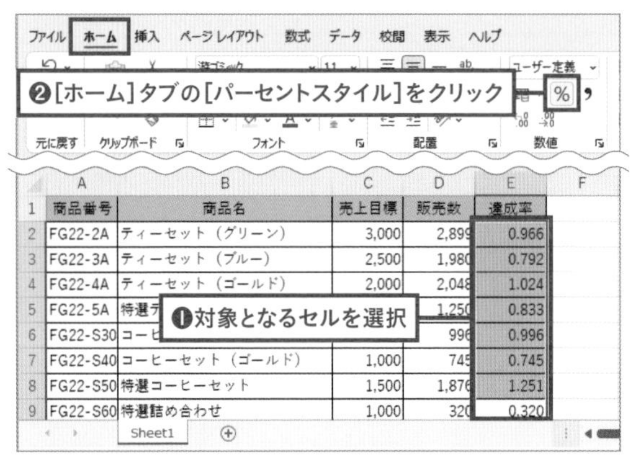

❶対象となるセルを選択
❷[ホーム]タブの[パーセントスタイル]をクリック

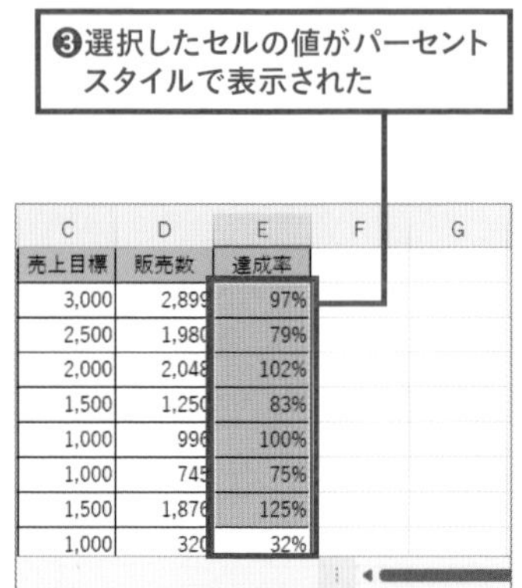

❸選択したセルの値がパーセントスタイルで表示された

Column 小数点以下の桁数を変更する

パーセントスタイルの既定では小数点以下の桁を表示しません。小数点以下の桁数を変更するには❶[ホーム]タブの[小数点以下の表示桁数を増やす]または[小数点以下の表示桁数を減らす]をクリックします。パーセント表示でない数値データでも、同じ手順で小数点以下の桁数を変更することができます。

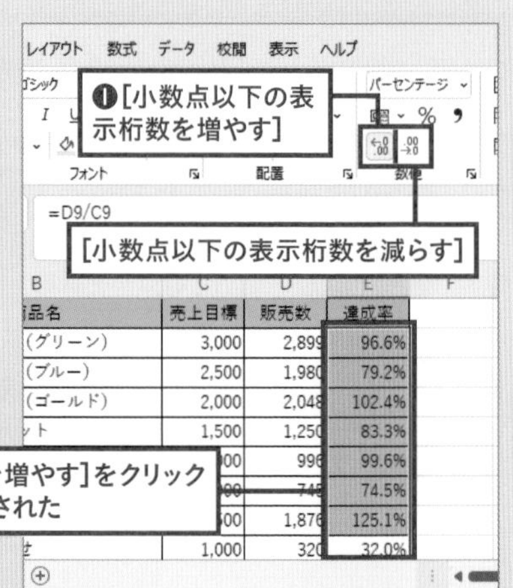

❶[小数点以下の表示桁数を増やす]
[小数点以下の表示桁数を減らす]
❷[小数点以下の表示桁数を増やす]をクリックしたことで、小数点が追加された

08 「○台」といった独自の単位を自動的に追加したい

Point
- ●数値に手入力で単位を追加すると数値として扱われないため注意する
- ●独自の単位も簡単に設定できる

クルマの販売数をまとめた際に「○台」のように表示すると、表のわかりやすさが増します。ただし自分で「台」を追加してしまうとデータが正しく数字として扱われません。[セルの書式設定]から独自の単位を設定して自動で補完しましょう。

1 ダイアログボックスを起動する

セルを選択して[ホーム]タブから[ダイアログボックス起動ツール]をクリックします。

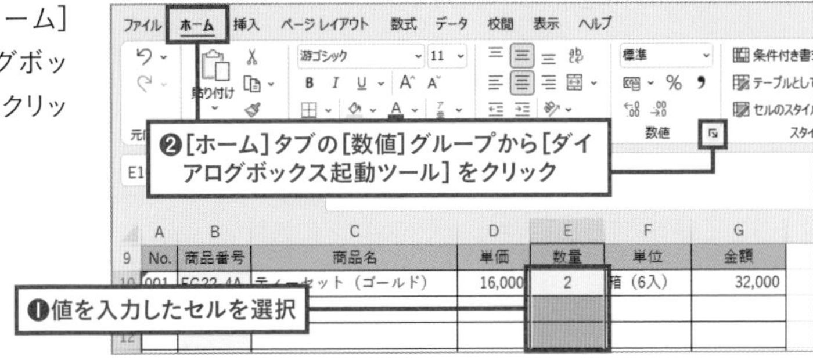

2 単位を設定する

[表示形式]タブで[ユーザー定義]をクリックして、独自の単位を設定します。

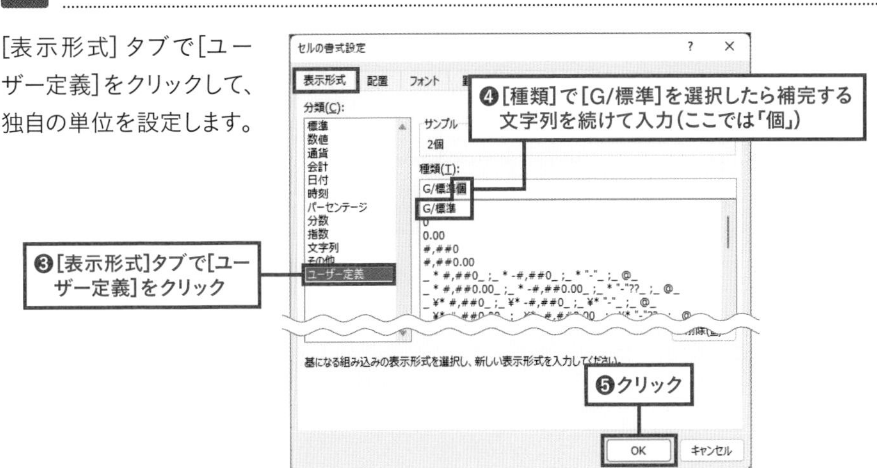

❼数式バーを見ると、データとしては数値しか入力されていないことがわかる
❻セルに単位が表示された

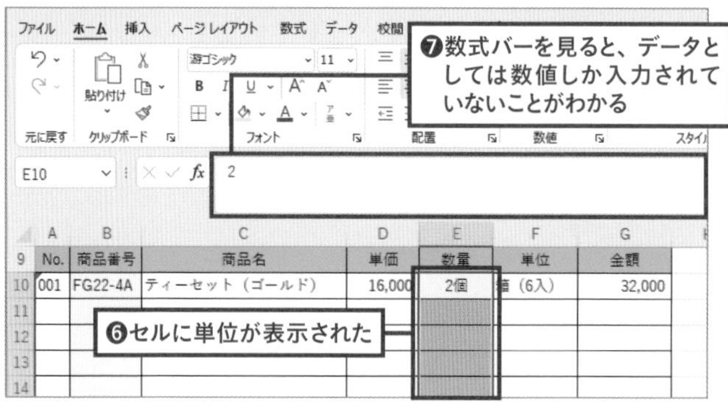

Column ミニツールバーで書式を素早く設定する

書式の変更はリボンに用意されたボタンやメニューから行うのが基本ですが、より素早く行いたいならセルを右クリックしてミニツールバーを表示すると、フォントの変更、罫線の設定、パーセント表示の設定などが手軽に行えます。

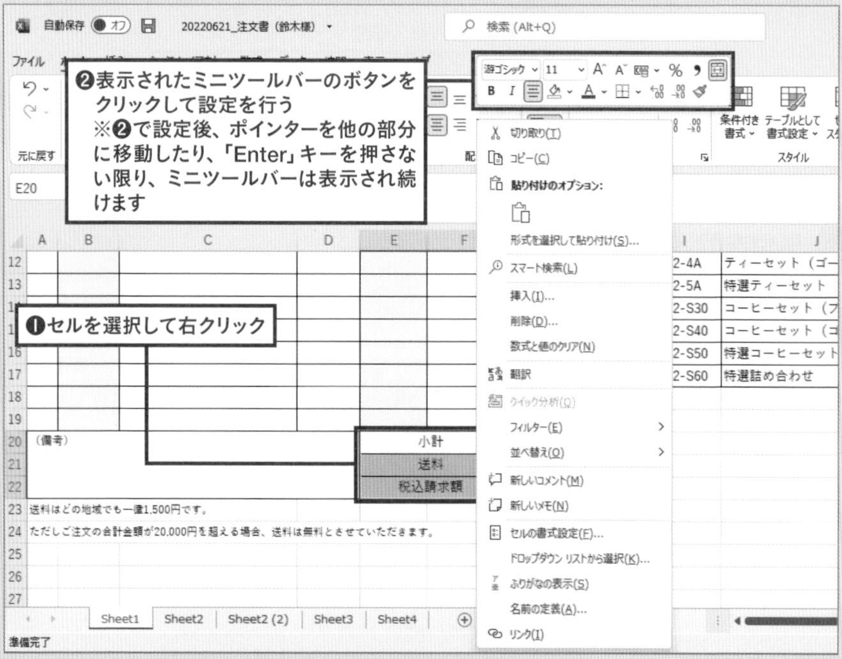

❷表示されたミニツールバーのボタンをクリックして設定を行う
※❷で設定後、ポインターを他の部分に移動したり、「Enter」キーを押さない限り、ミニツールバーは表示され続けます
❶セルを選択して右クリック

09 「書式のコピーと解除」をマスターして書式の設定を徹底時短！

Point

- 書式のみコピーして使いまわしできる
- 書式の解除もセットで覚えておく

書式をコピーする

設定したフォントや文字サイズ、文字色、パーセント表示などの書式は、コピーして使いまわすことができます。その際、入力データはコピーされません。こうしたテクニックで入力や書式変更の時間を短縮することができます。

1 セルを選択して書式をコピーする

書式を設定したセル（ここでは3桁区切り）を選択して、［ホーム］タブから［書式のコピー/貼り付け］をクリックします。

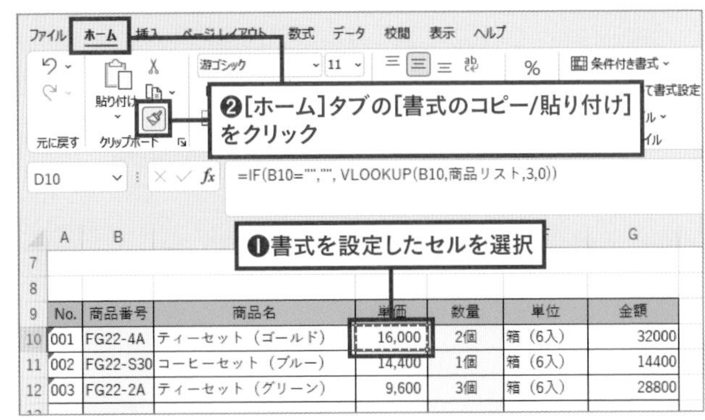
❷［ホーム］タブの［書式のコピー/貼り付け］をクリック
❶書式を設定したセルを選択

2 書式を貼り付けるセルを選択する

書式を貼り付けるセル範囲を選択すると、書式が適用されて表示が変わりました。

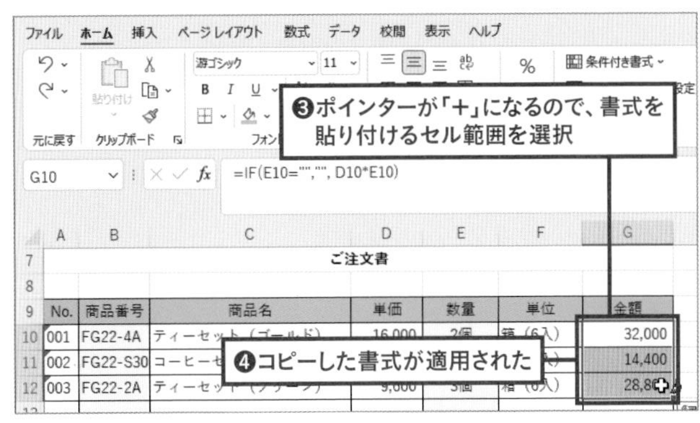
❸ポインターが「+」になるので、書式を貼り付けるセル範囲を選択
❹コピーした書式が適用された

書式を解除する

パーセントや円記号などを設定したセルの表示形式を解除したいという場合は、表示形式を[標準]に設定するといいでしょう。これで通常の表示形式に戻すことができます。

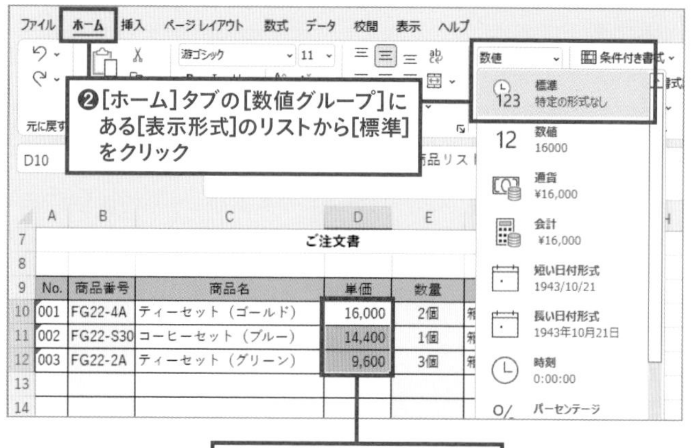

❷[ホーム]タブの[数値グループ]にある[表示形式]のリストから[標準]をクリック
❶書式を設定したセルを選択

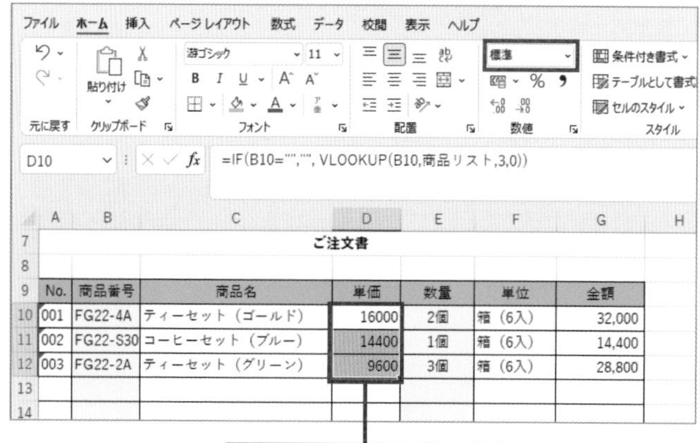

❸表示形式が標準に戻った

セルの内容も一緒にクリアしたい

63ページではセルの内容をクリアする手順を解説しました。こちらはデータと書式をまとめて削除するテクニックです。この方法も覚えておき、場面によって使い分けましょう。

10 ふりがなをふって誰でも読める資料を目指す

- データ入力時の読みが「ふりがな」として表示される
- ふりがなを別セルに取り出したい場合は121ページを参照

ふりがなを表示する

読み方を間違えると失礼に当たる人の名前や、誰にでも読めるとは限らない専門用語には、ふりがなを表示すると親切でしょう。Excel上でデータを入力した際の読みが残っていれば、これをふりがなに利用できます。

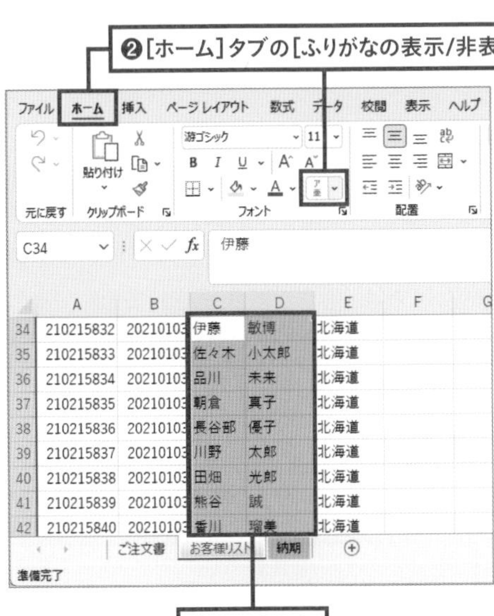
❷[ホーム]タブの[ふりがなの表示/非表示]をクリック
❶セルを選択

	A	B	C	D	E
34	210215832	20210103	イトウ 伊藤	トシヒロ 敏博	北海道
35	210215833	20210103	ササキ 佐々木	コタロウ 小太郎	北海道
36	210215834	20210103	シナガワ 品川	ミライ 未来	北海道
37	210215835	20210103	アサクラ 朝倉	マコ 真子	北海道
38	210215836	20210103	ハセベ 長谷部	ユウコ 優子	北海道
39	210215837	20210103	カワノ 川野	タロウ 太郎	北海道

❸ふりがなが表示された

ふりがなが表示されない場合は？

Excelでは、データを入力した際の読みが「ふりがな」として表示されます。そのため、必ずしも正しいふりがなが表示されるとは限りません。また、他のアプリケーションからコピーしたデータなど、読みの情報が含まれていないデータの場合、ふりがなは表示されません。

ふりがなを修正する

91ページで表示したふりがなが間違っている場合があります。そのような際は直接修正しましょう。また、ふりがなが存在しない場合は追加することもできます。

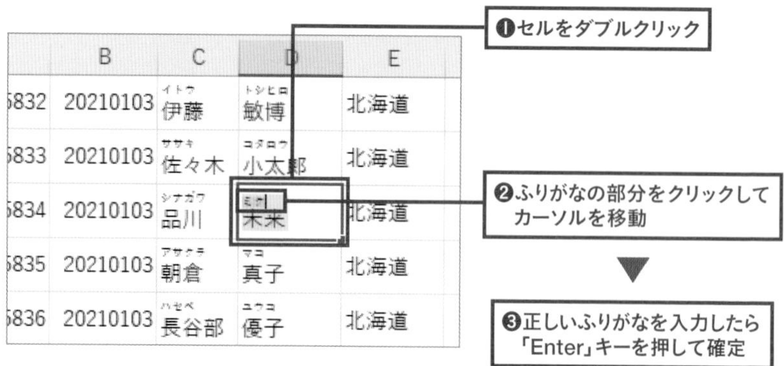

❶セルをダブルクリック
❷ふりがなの部分をクリックしてカーソルを移動
❸正しいふりがなを入力したら「Enter」キーを押して確定

別のアプリから貼り付けた文字にふりがなを追加する

メモ帳など別のアプリケーションで入力した文字をExcelにコピーして貼り付けたデータに関しては、[ふりがなの表示/非表示]のクリックだけではふりがなが表示されません。その場合は、プルダウンメニューから[ふりがなの編集]をクリックするだけで、表示することができます。

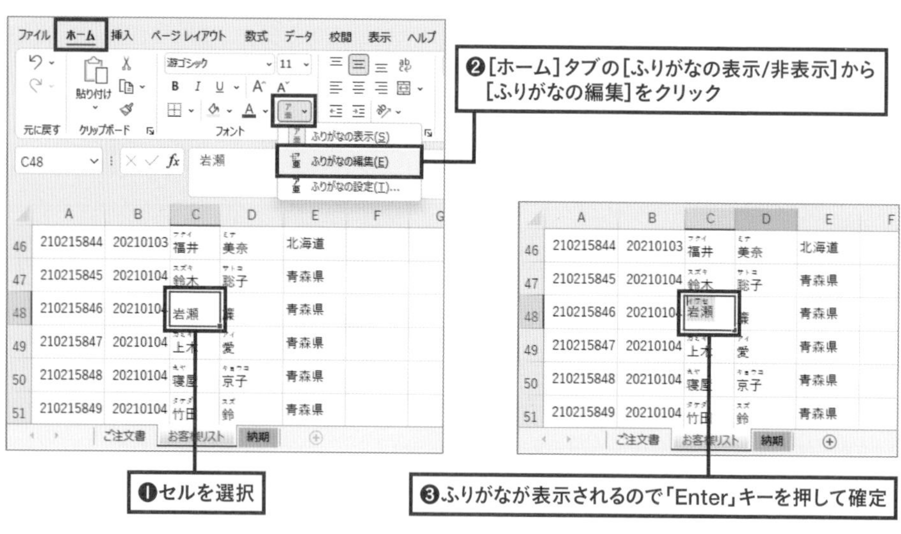

❶セルを選択
❷[ホーム]タブの[ふりがなの表示/非表示]から[ふりがなの編集]をクリック
❸ふりがなが表示されるので「Enter」キーを押して確定

Chapter5

面倒な計算も一瞬で！数式を使いこなす

平均や合計のような簡単な計算でも、大量のデータを扱うとなると1つ1つ計算していくのは手間がかかります。そんなときはExcelの出番です。どんな計算でも楽に対応できるよう、「数式」の使い方をしっかりマスターしましょう。

01 数値の平均や合計をサッと答えたい！数式をマスターしよう

- 四則演算の入力方法をマスターする
- 対象セルを選択するだけで計算結果が確認できる

数式の基本、四則演算をマスターする

Excelではさまざまな数値計算が可能です。まず四則演算から覚えていきましょう。その際は数式を「=」に続けて入力するのがポイント。ここでは商品単価が入っている「C2」と販売数が入っている「D2」のセルをかけ算し、「E2」セルに算出結果を表示してみます。

1 セルに計算式を入力する

計算結果を表示したい「E2」のセルを選択して「=」と入力します。さらに商品単価の「C2」セルをクリックすると、「E2」セルに「=C2」と表示されました。その後、かけ算を表す「*」を入力して、販売数の「D2」セルをクリックします。すると、「E2」セルに「=C2*D2」という計算式が入力されました。「Enter」キーを押して計算式を確定しましょう。

❶E2セルを選択して「=」を入力

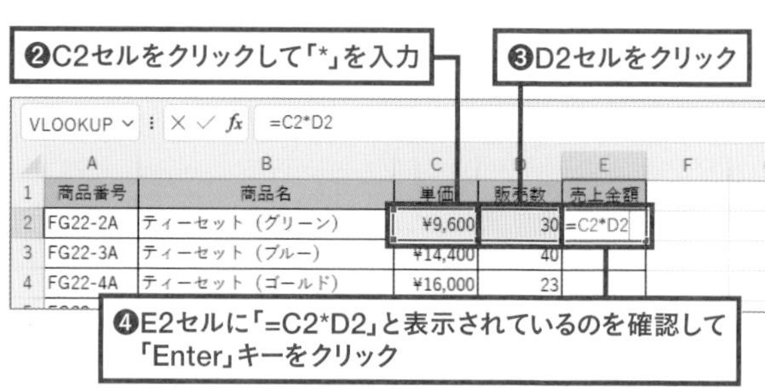

2 計算結果が表示された

「E2」セルに計算結果が表示されました。「E2」セルを選択した状態で数式バーを確認すると、計算式が入力されています。

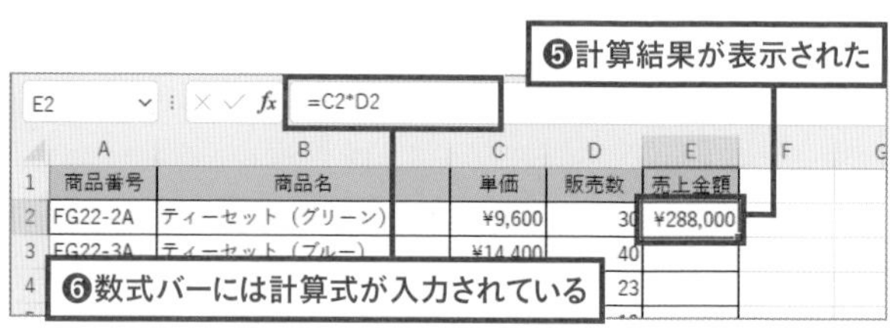

演算子の種類

Excelで数式を扱う上で必須となる演算子の種類をおさえておきましょう。

計算	演算子	読み方	優先順位
パーセント	%	パーセント	1
べき乗	^	キャレット	2
かけ算	*	アスタリスク	3
割り算	/	スラッシュ	3
足し算	+	プラス	4
引き算	-	マイナス	4

数式を入力せずに計算結果を確認する

データをバッチリまとめたつもりでも、意外な質問が出てきて焦った経験があるという人もいるのではないでしょうか。特に難しくない計算でも、いきなり尋ねられると慌ててしまい即座に答えることができないかもしれません。数値の平均や合計を素早く確認する方法があります。

セル範囲を選択する

合計値を求めたいセル範囲を選択しましょう。すると、下のステータスバーに選択したセル範囲の平均、データの個数、合計値が表示されます。

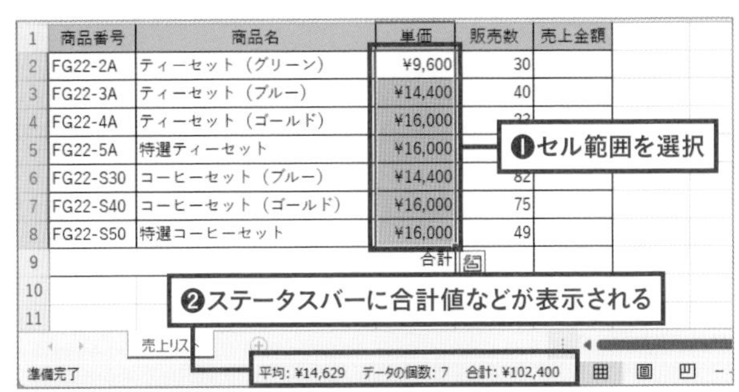
❶セル範囲を選択
❷ステータスバーに合計値などが表示される
平均: ¥14,629 データの個数: 7 合計: ¥102,400

他の演算の結果も表示可能

ステータスバーを編集することで、[平均][データの個数][合計]以外の演算結果も表示することができます。

❶ステータスバーを右クリックし、❷表示したい演算の項目にチェックを入れたら「ESC」キーを押すかシートをクリックしてメニューを消します。

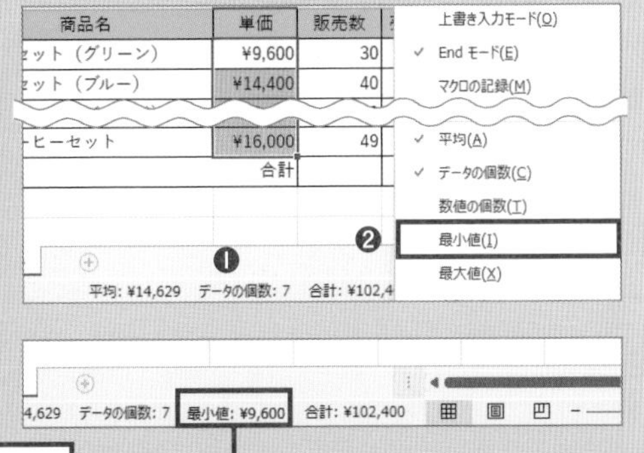
❶
❷
最小値(I)
最小値: ¥9,600
❸チェックを入れた演算の結果が表示された

02 数式入力を省エネ化して作業効率UP！

- ●数式もドラッグしてコピーできる
- ●あらかじめセルを選択して数式を一括入力することも可能

数式をコピーするオートフィルをマスター

Excelでは数式を他のセルにコピーすると、数式が参照しているセル番地を自動的に修正してくれます（相対参照といいます）。数式を修正する手間が大幅に省けるため、コピーの方法をしっかりマスターしましょう。

1 数式を入力したセルを選択してドラッグする

数式が入力されたセルを選択し、セルの右下にポインターを合わせてポインターが「**+**」になったら、コピーしたい最後のセルの位置までドラッグします。

E2　=C2*D2

❶数式が入力されたセルを選択

❷ポインターを合わせて「+」になったらドラッグ

	A	B	C	D	E
1	商品番号			売数	売上金額
2	FG22-2A	ティーセット（グリーン）	¥9,600	30	¥288,000
3	FG22-3A	ティーセット（ブルー）	¥14,400	40	
4	FG22-4A	ティーセット（ゴールド）	¥16,000	23	
5	FG22-5A	特選テ			
6	FG22-S30	コーヒ			
7	FG22-S40	コーヒーセット（ゴールド）	¥16,000	75	
8	FG22-S50	特選コーヒーセット	¥16,000	49	
9			合計		

2 オートフィルで数式が入力された

ドラッグしたセルにオートフィルで一気に数式が入力されました。数式バーを確認すると、元の式と同様に同じ行のセルを参照して計算を行なっています（相対参照）。

E2　=C8*D8

❸数式が入力された

❹元の式と同じようにセルを参照して計算を行なっている

	A	B	C	D	E
1	商品番号	商品名	単価	販売数	売上金額
2	FG22-2A	ティーセット（グリーン）	¥9,600	30	¥288,000
3				40	¥576,000
4				23	¥368,000
5				19	¥304,000
6			¥14,400	82	¥1,180,800
7	FG22-S40	コーヒーセット（ゴールド）	¥16,000	75	¥1,200,000
8	FG22-S50	特選コーヒーセット	¥16,000	49	¥784,000
9			合計		

下方向にコピーする場合はダブルクリックでも可

例のように下方向に数式をコピーする場合には、❶セルの右下にポインターを合わせてポインターが「**+**」に変わったらダブルクリックしてみましょう。この方法でも一気に数式をコピーすることができます。

C	D	E	F
価	販売数	売上金額	
9,600	30	¥288,000	❶
4,400	40		
6,000	23		
6,000	19		

数式を複数セルに一括入力する

44ページでは複数のセルに同じデータをまとめて入力する方法を紹介しました。数式でも同様に、複数セルにまとめて同じ数式を入力できます。数式を入力するセルが飛び飛びのときに便利な手法です。

1 セル範囲を選択して数式を入力する

同じ数式を入力したいセル範囲を選択し、そのうちの1つのセルに数式を入力します。

D2 =C2*D2

	A	B	C	D	E	F
1	商品番号	商品名	単価	販売数	売上金額	
2	FG22-2A	ティーセット（グリーン）	¥9,600	30	=C2*D2	
3	FG22-3A	ティーセット（ブルー）	¥14,400	40		
4	FG22-4A	ティーセット（ゴールド）	¥16,000	23		
5	FG22-5A	特選ティーセ		19		
6	FG22-S30	コーヒーセッ		82		
7	FG22-S40	コーヒーセット（ゴールド）	¥16,000	75		
8	FG22-S50	特選コーヒーセット	¥16,000	49		
9			合計			

❶複数セルを選択

❷数式を入力（94ページを参照）

2 「Ctrl」+「Enter」で入力を確定する

「Ctrl」+「Enter」を押して確定すると、選択中のすべてのセルに数式が一括入力されました。

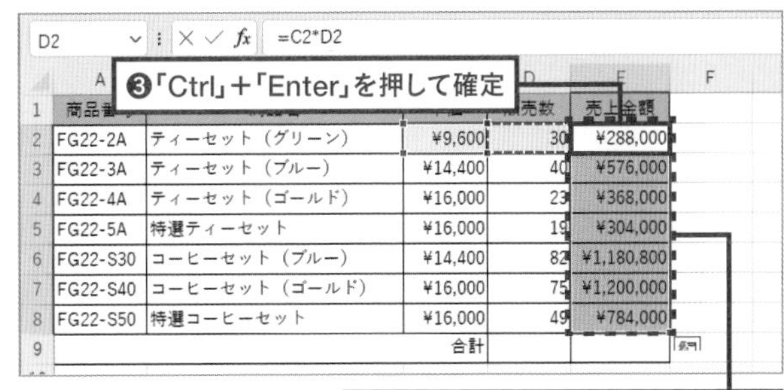
D2
=C2*D2
❸「Ctrl」+「Enter」を押して確定
❹選択中のセルに数式が入力された

	A	B	C	D	E	F
1	商品番			売数	売上金額	
2	FG22-2A	ティーセット（グリーン）	¥9,600	30	¥288,000	
3	FG22-3A	ティーセット（ブルー）	¥14,400	40	¥576,000	
4	FG22-4A	ティーセット（ゴールド）	¥16,000	23	¥368,000	
5	FG22-5A	特選ティーセット	¥16,000	19	¥304,000	
6	FG22-S30	コーヒーセット（ブルー）	¥14,400	82	¥1,180,800	
7	FG22-S40	コーヒーセット（ゴールド）	¥16,000	75	¥1,200,000	
8	FG22-S50	特選コーヒーセット	¥16,000	49	¥784,000	
9			合計			

HINT

相対参照とは？

このページでは、数式のコピーと一括入力の方法を説明しましたが、この場合は基本的に計算式の参照値は「相対参照」となります。G10セルには「=D10*E10」、G11セルに「=D11*E11」と、コピーしたセル位置に応じて参照先のセルが自動的に変化しています。詳しくは98ページを確認してください。

03 コピーした数式が正しく計算できない!? セルの参照先の指定をマスターしよう

- セルを固定して参照する絶対参照は「$A$1」のように「$」で囲んで入力
- 行のみを固定して参照する複合参照は「A$1」と入力
- 列のみを固定して参照する複合参照は「$A1」と入力

絶対参照の入力方法をマスターする

数式をコピーすると、自動的に参照先が変わってしまい、思うように計算ができなくなることがあります。96ページのように数式のコピーや一括入力をする前に、参照先が変わらないように数式に手を加えてみましょう。

セル番地に「$」を加えることで、相対参照から絶対参照に変更することができます。

相対参照と絶対参照

右に日別の売上金額を計算する表を作成しました。「C2」セルに販売数と単価をかけ算する数式を入れて、数式セルをドラッグしてコピーしたところ、連動して単価のセル番号も変化してしまいました。これが相対参照です。数式をコピーすると、自動的に参照するセルが変動します。

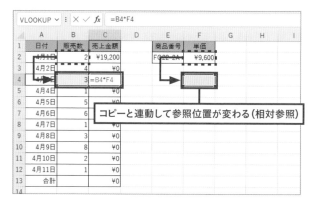

VLOOKUP　=B4*F4

	A	B	C	D	E	F
1	日付	販売数	売上金額		商品番号	単価
2	4月1日	2	¥19,200		FG22-2A	¥9,600
3	4月2日	4	¥0			
4	4月3日	3	=B4*F4			
5	4月4日	1	¥0			
6	4月5日	5	¥0			
7	4月6日	6				
8	4月7日	1	¥0			
9	4月8日	3	¥0			
10	4月9日	8	¥0			
11	4月10日	2	¥0			
12	4月11日	1	¥0			
13	合計		¥0			

コピーと連動して参照位置が変わる(相対参照)

この表の場合、単価のセルは「F2」にのみ入力されているので、計算式は常に「F2」セルを参照する必要があります。このような参照方法を絶対参照といいます。

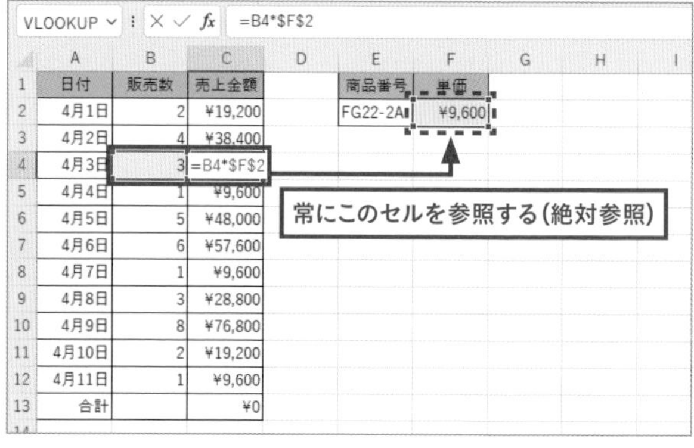

VLOOKUP　=B4*$F$2

	A	B	C	D	E	F
1	日付	販売数	売上金額		商品番号	単価
2	4月1日	2	¥19,200		FG22-2A	¥9,600
3	4月2日	4	¥38,400			
4	4月3日	3	=B4*$F$2			
5	4月4日	1	¥9,600			
6	4月5日	5	¥48,000			
7	4月6日	6	¥57,600			
8	4月7日	1	¥9,600			
9	4月8日	3	¥28,800			
10	4月9日	8	¥76,800			
11	4月10日	2	¥19,200			
12	4月11日	1	¥9,600			
13	合計		¥0			

1 参照先を固定する

ここでは「F2」セルの単価を常に固定で参照し、C列の販売数を掛け算してみましょう。計算式を入力したい「C2」セルを選択して、「=F2」と入力したら、そのまま「F4」キーを押しましょう。「=$F$2」に変わりました。

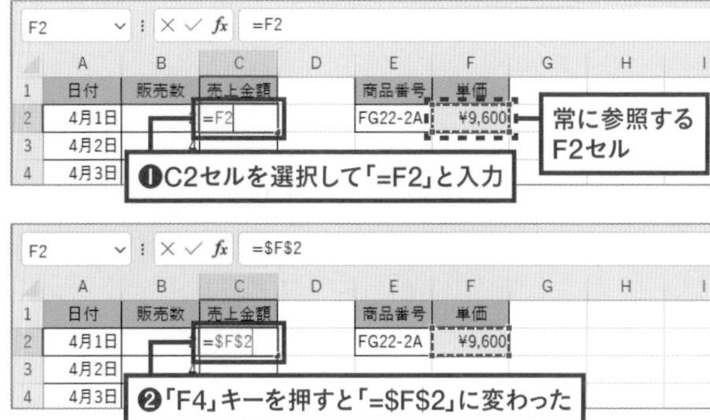
=F2
❶C2セルを選択して「=F2」と入力
常に参照するF2セル
=$F$2
❷「F4」キーを押すと「=$F$2」に変わった

2 数式を入力してコピーする

続けてかけ算の「*」を入力し、「B2」セルをクリックして「=$F$2*B2」と入力されたら「Enter」キーで確定します。「C2」セルを「C11」セルまでドラッグしてコピーしましょう。

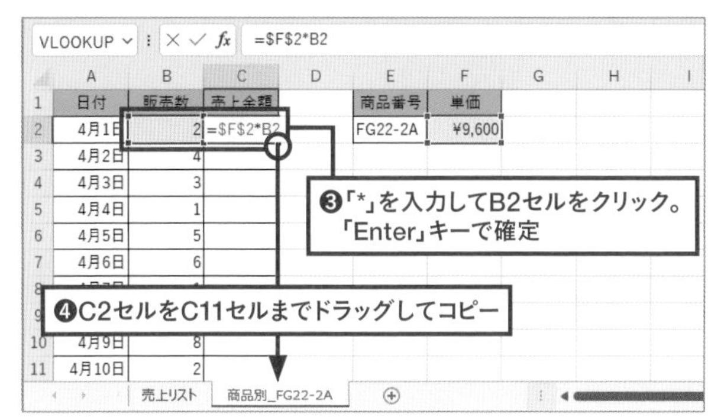
=$F$2*B2
❸「*」を入力してB2セルをクリック。「Enter」キーで確定
❹C2セルをC11セルまでドラッグしてコピー

3 絶対参照でコピーされた

コピーされた「C2」～「C11」の数式バーを確認すると、「=$F$2*B3」「=$F$2*B4」…と、価格が入力されている「F2」セルを常に参照していることがわかります。このように参照しているセル番地が常に固定されているのを絶対参照といいます。

「$F$2」のように、セル番地を「$」で挟むことで絶対参照にすることができます。

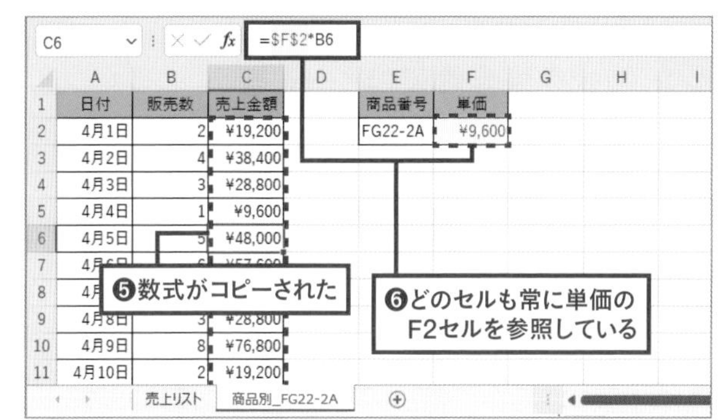
=$F$2*B6
❺数式がコピーされた
❻どのセルも常に単価のF2セルを参照している

列または行のみ参照先を固定する

「$」でセル番地を囲むことで、行と列の両方を固定して参照する絶対参照に変更できました。同様に行、または列のみを固定することも可能です。これを複合参照といいます。

複合参照

行のみを固定する場合は「F$2」のように行とセル番号の間に「$」を、列のみを固定する場合は「$F2」のように列の前に「$」を入れます。

1 1の段の数式を作る

以下に九九の表を作成しました。「1×1」「1×2」「1×3」…と計算していきますが、「B2」セルに「=A2*B2」と入力して、セルをドラッグしてコピーすると「=B2*C1」「=C2*D1」…と相対参照になってしまい、九九の表が作成できません。

1の段においてかけられる数である「1(A2セル)」は、列のみを固定する必要があるため、「$A2」と入力して複合参照にしました。かける数である「1(B1セル)」「2(C1セル)」「3(D1セル)」…は、行のみを固定する必要があるため、複合参照を使用して「B$1」と入力しました。

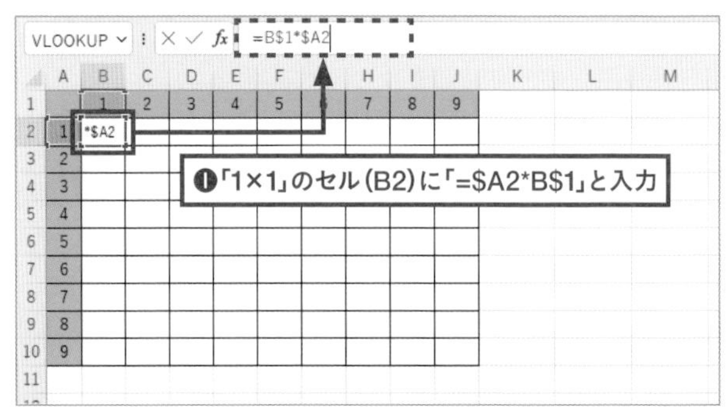
VLOOKUP
=B$1*$A2
*$A2
❶「1×1」のセル(B2)に「=$A2*B$1」と入力

2 数式を表全体にコピーする

「B2」セルに「=$A2*B$1」と入力された状態で、全体にコピーすると九九の表が完成しました。

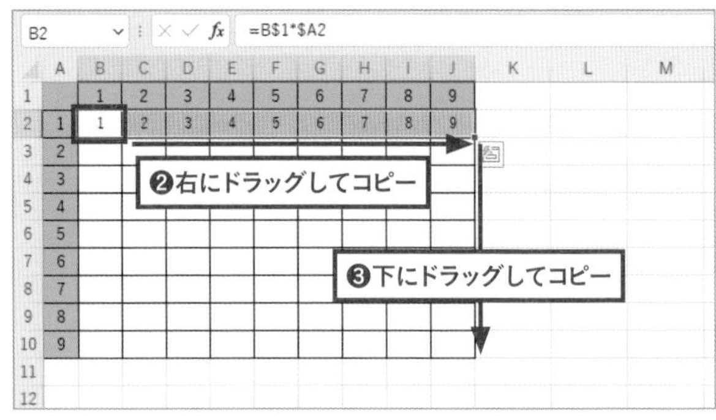
B2
=B$1*$A2
❷右にドラッグしてコピー
❸下にドラッグしてコピー

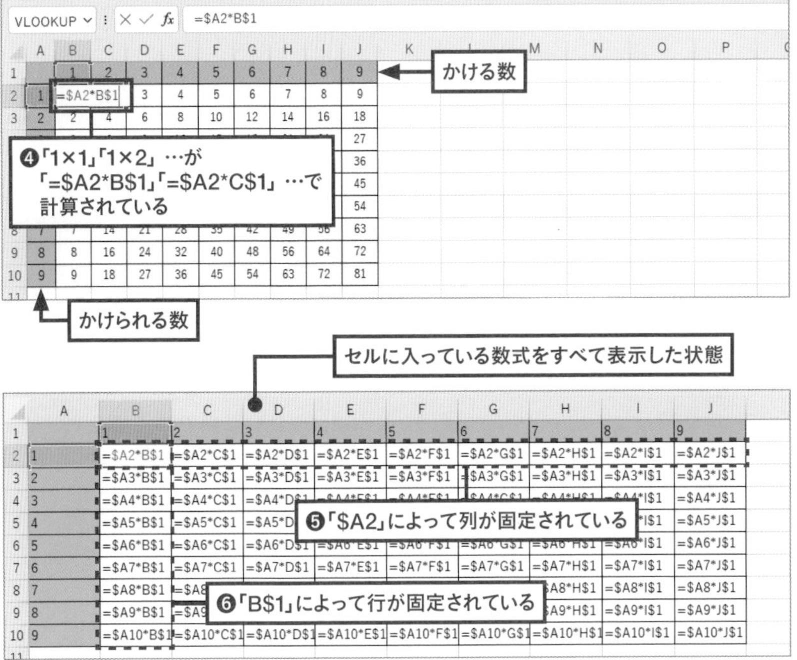
=$A2*B$1
かける数
❹「1×1」「1×2」…が「=$A2*B$1」「=$A2*C$1」…で計算されている
かけられる数
セルに入っている数式をすべて表示した状態
❺「$A2」によって列が固定されている
❻「B$1」によって行が固定されている

「A2」セルを複合参照にする理由

1の段だけを作成するのであれば、かけられる数である「1（A2セル）」は絶対参照で数式を入力しても構いません。しかし、「A2」セルを絶対参照にした状態で完成した1の段を、9の段までコピーすると常にかけられる数が「1（A2セル）」となってしまい、九九の表が正しく作成できません。
そのため、列のみを固定する「$A2」とするのが正しいのです。

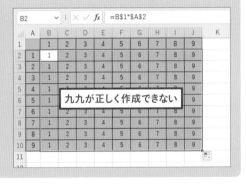

=B$1*$A$2
九九が正しく作成できない

「F4」キーを使って素早く参照方式を切り替える

絶対参照と複合参照は手入力してもよいですが、操作手順のように「F4」キーを複数回押すことで、素早く参照方式を変更できます。

押す回数	参照方式	例
「F4」キー1回	行と列どちらも固定（絶対参照）	$A$1
「F4」キー2回	行のみ固定（複合参照）	A$1
「F4」キー3回	列のみ固定（複合参照）	$A1

04 スピル機能で数式をカンタン入力！

Point

- 数式コピーの手間が省けるスピル機能
- 範囲をあらかじめ指定して数式を入力する

100ページではコピー（オートフィル）機能を使って九九の表を作成しましたが、新しく搭載された機能の1つに「スピル」というものがあります。セル範囲をあらかじめ指定して数式を入力することで、1つのセルに計算式を入力すると、数式を入力したセル以外のセルにも一括で結果を表示することができる機能です。96、97ページで紹介したように、数式を入力したいセルを1つ1つ選択したり、コピーする手間が省けるため、使いこなせば作業を大きく短縮できます。

1 セルを1つ選び計算式を入力する

実際にスピル機能を使用して九九の表を作ってみましょう。スピルを使う場合は「B2」セルにのみ、計算式を入力します。

VLOOKUP　=A2:A10*B1:J1

❶B2を選択して「=A2:A10*B1:J1」と入力

▼

B2のことを動的配列数式と呼ぶ

❷「A2:A10」で行の「1～9」、「B1:J1」で列の「1～9」を選択し、それぞれをかけ算するという意味

2 結果が一気に全体に表示された

「Enter」キーを押すと、すべてのセルに結果が表示されました。

TIPS

すべてのバージョンで使えるわけではない

Excel 2021以外、または企業向けのOffice 365の一部などでは「スピル」が適用されておらず、使用できないこともあります。

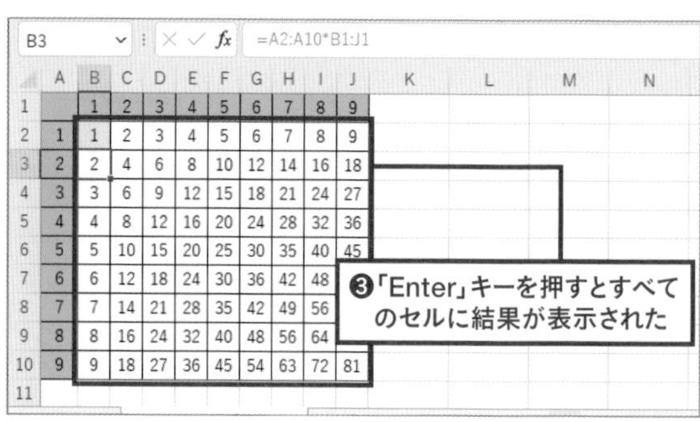

B3　=A2:A10*B1:J1

	A	B	C	D	E	F	G	H	I	J
1		1	2	3	4	5	6	7	8	9
2	1	1	2	3	4	5	6	7	8	9
3	2	2	4	6	8	10	12	14	16	18
4	3	3	6	9	12	15	18	21	24	27
5	4	4	8	12	16	20	24	28	32	36
6	5	5	10	15	20	25	30	35	40	45
7	6	6	12	18	24	30	36	42	48	
8	7	7	14	21	28	35	42	49	56	
9	8	8	16	24	32	40	48	56	64	
10	9	9	18	27	36	45	54	63	72	81

❸「Enter」キーを押すとすべてのセルに結果が表示された

05 計算を手軽に行う[オートSUM]で一定期間の売上を合計する

- [オートSUM]ボタンで手早く関数入力が可能
- 「=SUM(引数)」で指定したセルの合計を計算することができる

[オートSUM]をマスターしよう

一定の期間の売上や各商品ごとの売上を合計したい、そんなときはリボンにある[オートSUM]ボタンを使います。自動で「SUM」という関数が挿入され、素早く計算結果を得ることができます。

1 商品ごとの合計を[オートSUM]で算出する

結果を表示させたいセルを1つ選択し、[ホーム]タブから[オートSUM]をクリックします。

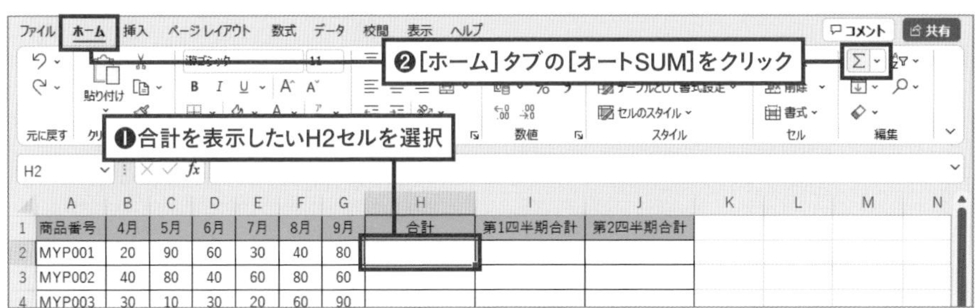

2 関数とセル範囲が自動で入力された

すると、「H2」セルに「SUM」関数とセル範囲が自動で入力されました。「Enter」キーで確定すると、4月から9月の売上の合計値である「320」が表示されています。「H2」セルを、コピーしたいセルまでドラッグしましょう。

月ごと&商品ごとの合計を算出する

月ごと＆商品ごとの合計も同様にSUM関数で算出することができます。ここでは、セルをあらかじめ選択して[オートSUM]で一気に入力してみましょう。

❶B2〜H10セルを選択

❷[オートSUM]をクリック

	A	B	C	D	E	F	G	H	I	J
1	商品番号	4月	5月	6月	7月	8月	9月	合計	第1四半期合計	第2四半期合計
2	MYP001	20	90	60	30	40	80			
3	MYP002	40	80	40	60	80	60			
4	MYP003	30	10	30	20	60	90			
5	MYP004	40	30	30	40	50	80			
6	MYP005	80	60	60	10	10	10			
7	MYP006	10	20	40	30	10	70			
8	MYP007	30	40	80	40	30	30			
9	MYP008	60	30	10	80	40	20			
10	合計									

	A	B	C	D	E	F	G	H	I	J
1	商品番号	4月	5月	6月	7月	8月	9月	合計	第1四半期合計	第2四半期合計
2	MYP001	20	90	60	30	40	80	320		
3	MYP002	40	80	40	60	80	60	360		
4	MYP003	30	10	30	20	60	90	240		
5	MYP004	40	30	30	40	50	80	270		
6	MYP005	80	60	60	10	10	10	230		
7	MYP006	10	20	40	30	10	70	180		
8	MYP007	30	40	80	40	30	30	250		
9	MYP008	60	30	10	80	40	20	240		
10	合計	310	360	350	310	320	440	2090		

❸それぞれの合計値が一気に表示された

そもそも「SUM」って何？

SUMとは、Excelの関数の1つで、指定した範囲内の合計値を求めるために使用します。たとえば商品「MYP001」の4月〜6月の合計値を算出するために「=B2+C2+D2」と数式を入力することもできますが、SUM関数ではそれを「=SUM (B2:D2)」と入力します。[オートSUM]は、より手軽にSUM関数を使用するために用意されたExcelの機能の1つです。

=SUM（B2：D2）

「B2〜D2」のセル範囲のデータを合計する

=SUM（B2，D2）

「B2」と「D2」のデータを合計する

関数については、Chapter6で詳しく解説しますが、合計値の対象になるのは数値のみです。文字列として入力された数字は対象外となってしまうため、入力方式に注意しましょう。

06 数式で参照しているセル範囲を修正したい

- 関数の指定範囲の修正方法を知る
- 「F2」キーで関数で参照しているセル範囲が色付きの枠で表示される

[オートSUM]を使うと、合計するセル範囲が自動的に入力されてしまいます。以下のように「4月～9月の合計」として入力されてしまったものを「4月～6月の合計」として修正したい場合には、正しいセル範囲をドラッグして選択し直しましょう。「F2」キーを押して、数式とセルの指定範囲を色で区別できる「カラーリファレンス」を表示させるのが便利です。

1 カラーリファレンスで指定範囲を表示する

修正したい計算式が入力されている「H2」セルを選択し、「F2」キーを押します。すると、指定されているセル範囲「B2～G2」が青線で囲まれて表示されました。

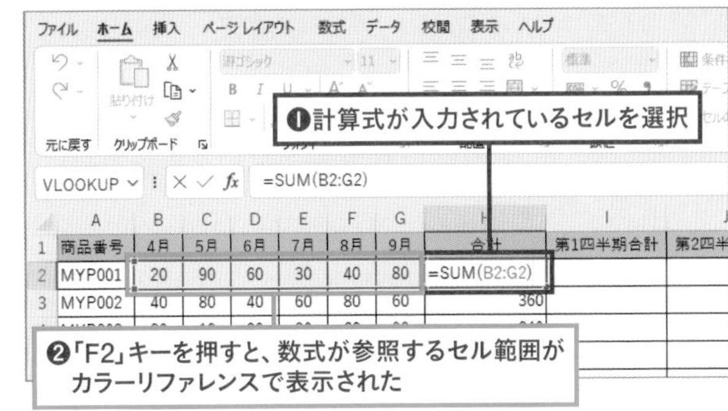

2 セル範囲を修正する

ポインターをセル範囲の端に合わせて「↘」の状態になったら、正しいセル範囲である「B2～D2」にドラッグしてセル範囲を指定し直しましょう。

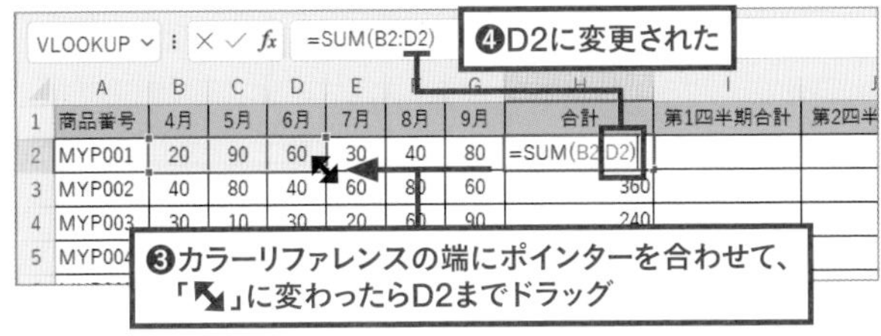

カラーリファレンスは移動可能

カラーリファレンスの枠にポインターを合わせ、「+」に変わったらこの枠をドラッグしてセル範囲をそのまま移動することができます。

	B	C	D	E	F	G	H	I
号	4月	5月	6月	7月	8月	9月	合計	第1四半期合計
1	20	90	60	30	40	80	=SUM(D2:F2)	
2	40	80	40	60	80	60	SUM(数値1, [数値2], ...)	
3	30	10	30	20	60	90	240	
4	40	30	30	40	50	80	270	

07 数式を修正したのに計算結果が更新されない！

- Excelの計算方法に「手動」と「自動」があることを知る
- 変更が反映されなくなったら[計算方法の設定]をチェック

表を作成する過程でデータを修正したはずなのに、計算結果に修正内容が反映されずに困ってしまったという経験はありませんか？　通常、Excelではセルの値を変更した際に自動で計算結果に反映される「自動」計算がデフォルトで設定されています。ところが、何らかの要因で「手動」に切り替わってしまっていると、変更が即座に変更されなくなってしまうのです(保存すると反映されます)。このようなときには、計算方法を確認し、「手動」から「自動」に変更して保存しなおしましょう。

1 計算方法を確認して変更する

「G2」の数値を80から100に変更したのに、合計値が以前と同様の320のままになってしまっています。[数式]タブの[計算方法の設定]を確認すると、[手動]が選択されていました。[自動]に変更しましょう。

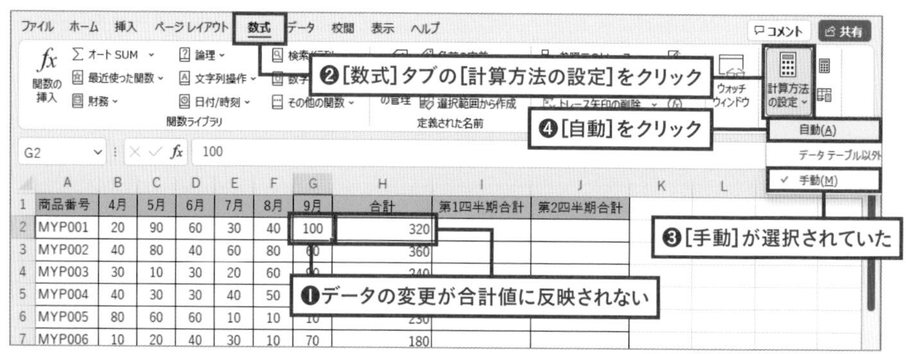

2 計算方法を確認する

合計のセルを確認すると、データの変更が反映され、340と表示されています。

❺データの変更が計算結果に反映されている

08 別シートの計算結果を利用して資料を作りたい！

Point

- 別シートにあるセルの参照方法を知る
- シート名とセルの間に半角の「!」を入力する

資料の作成時、同じブック内の別のシートから数字を引っ張ってくることも可能です。その際は単に数値のみをコピーしてもいいですが、元のデータに変更があった場合に自動で更新されるように、セルを参照すると便利です。

1 参照したいセルを選択する

別シートのセルを参照したいセル(ここでは「A1」)を選択し、「=」と入力します。参照したいセルがあるシート(ここでは「4月」)を選択し、参照したいセルをクリックして「Enter」キーを押しましょう。

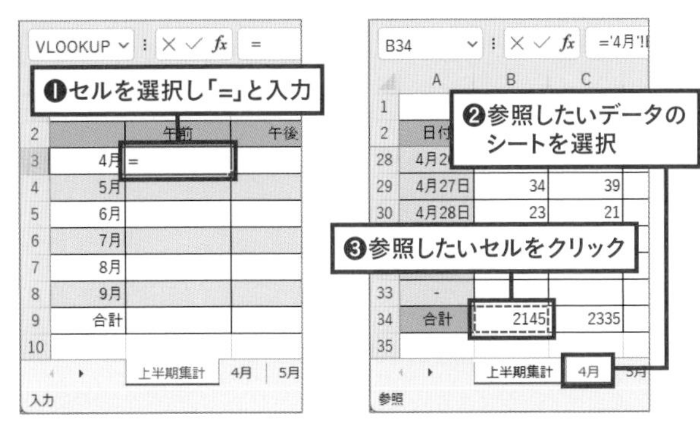
❶セルを選択し「=」と入力
❷参照したいデータのシートを選択
❸参照したいセルをクリック

2 別シートのセルの値が参照される

「上半期集計」シートの「B3」セルに「4月」シートの「B34」が参照されました。試しに「4月」シートの「B34」の内容を変更してみると、「上半期集計」シートの「B3」セルの内容も変わります。数式を確認すると、「='4月'!B34」と表示されています。

❺「='4月'!B34」と表示されている

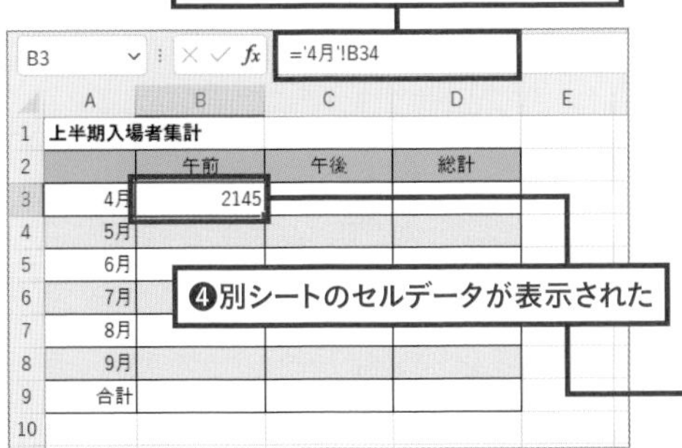
❹別シートのセルデータが表示された

B34 =SUM(B3:B33)

	A	B	C	D
1		入場者一覧		
2	日付	午前	午後	1日計
28	4月26日	14	42	56
29	4月27日	34	39	73
30	4月28日	23	21	44
31	4月29日	98	109	207
32	4月30日	132	129	261
33	-			
34	合計	2145	2335	4480
35				

3 参照元のデータを更新する

試しに参照元である「4月」シートの「B34」の数値を変更してみましょう。「2145」から「2500」に書き換えたあと、「上半期集計」シートの「B3」セルを確認してみると、こちらも「2500」に変更されています。

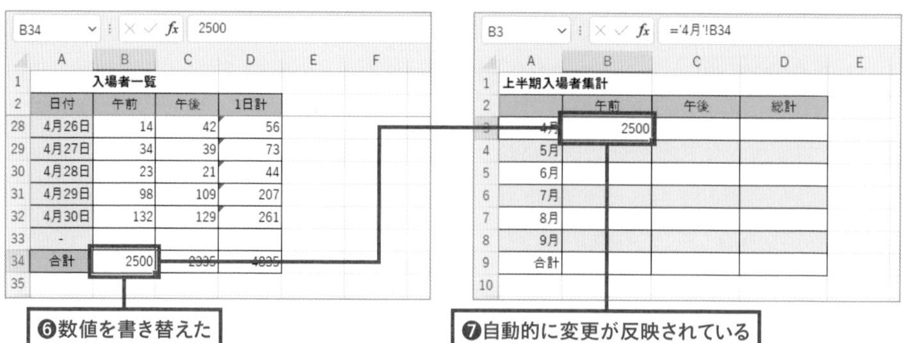

参照のセルの値は手入力でもOK

入力に慣れているのであれば、参照セルは手入力しても構いません。

「**Sheet2**」にある「**A1**」セルを参照する

=Sheet2!A1

シート名と**セル**の間を半角の「**!**」でつなぐ

09 計算結果だけを利用したいのに数式がコピーされてしまう

- 計算式をコピーせず結果のみを貼り付けるには[値のみ貼り付け]
- [形式を選択して貼り付け]画面でさまざまな貼り付け方法が選択可能

集計したデータを元に報告文書を作成する場合など、集計結果の数字をコピーして利用する場面があります。ここでは計算式によって計算結果を別のシートやブックに数値として貼り付ける方法を見てみましょう。

値だけ貼り付けする

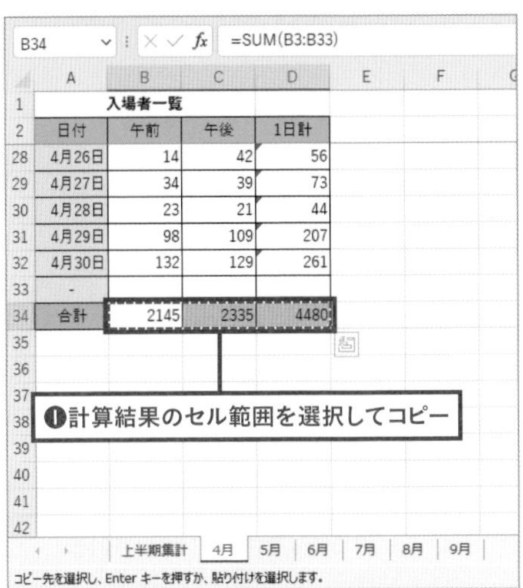

❸[ホーム]タブの[貼り付け]の「v」をクリック

❹[値の貼り付け]の[値]をクリック

❷貼り付け先のセルの先頭を選択

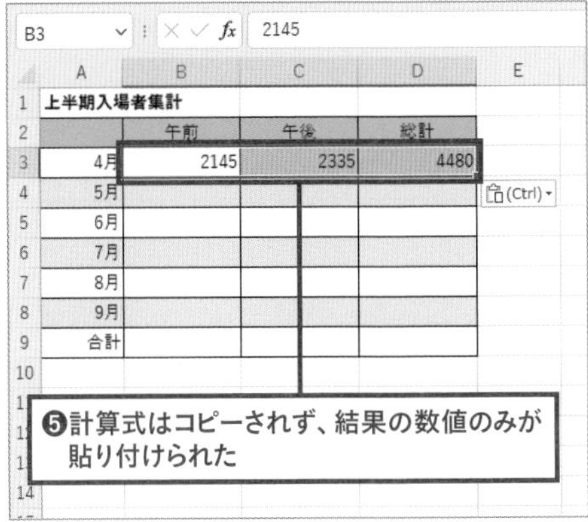

HINT [形式を選択して貼り付け]画面からコピーする

このようにリボンからデータを貼り付けする方法の他、❷で貼り付け先を選択したら右クリックして[形式を選択して貼り付け]を選択して貼り付け方法を選ぶやり方もあります。

10 複数セルに入力されたデータを1つのセルにまとめる

Point

●住所や名前の編集に便利な連結ワザはセル同士を「&」でつなぐ
●CONCATENATE関数でも代用可能

67ページでは、データを分割する方法を説明しましたが、逆に複数のデータを1つにまとめる方法もあります。ここでは、C列に入力された名字とD列に入力された名前を一括で表示してみましょう。

1 結合したいセルを選択して「&」でつなぐ

データを表示する「F35」セルを選択し「=」を入力します。結合したいセル「C35」を選択したら「&」を入力し、「D35」を選択しましょう。

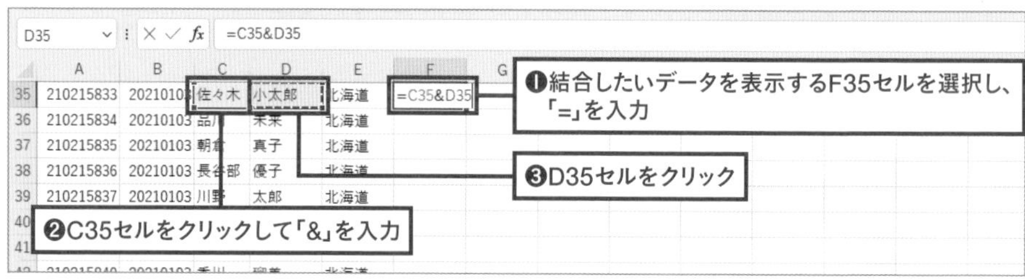
D35
=C35&D35
=C35&D35
❶結合したいデータを表示するF35セルを選択し、「=」を入力
❷C35セルをクリックして「&」を入力
❸D35セルをクリック

2 セル同士が結合された

「Enter」キーで確定すると、「C35」と「D35」セルに入ったデータが結合されて表示されました。

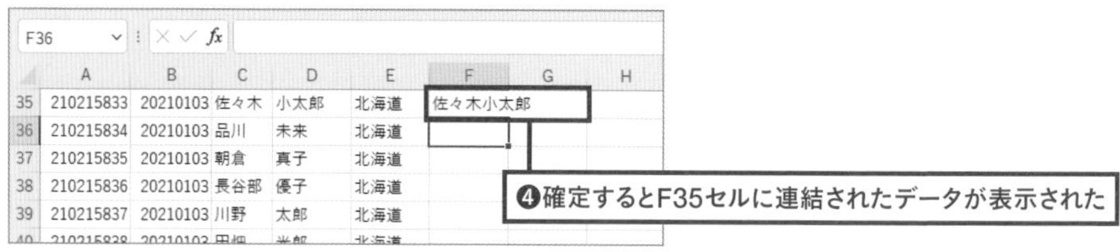
F36
佐々木小太郎
❹確定するとF35セルに連結されたデータが表示された

TIPS

データの連結ができるCONCATENATE関数とCONCAT関数

データの連結には、CONCATENATE関数を使う方法もあります。その場合は「=CONCATENATE (C2,D2)」のように「=CONCATENATE (文字列1,文字列2･･･)」という書式で引数を指定します。CONCAT関数では、「=CONCAT(C2:D2)」と、セル範囲を指定することで複数セルを一気に連結することができます。

Chapter6

関数で複雑な作業を仕組み化する

より複雑な処理を行いたい場合は「関数」を使います。Excelには数多くの関数が用意されていますが、ここではよく使う代表的なものを紹介します。数値を四捨五入したり、指定した条件によって行う処理を変えたり、別の表からデータを参照したりできます。

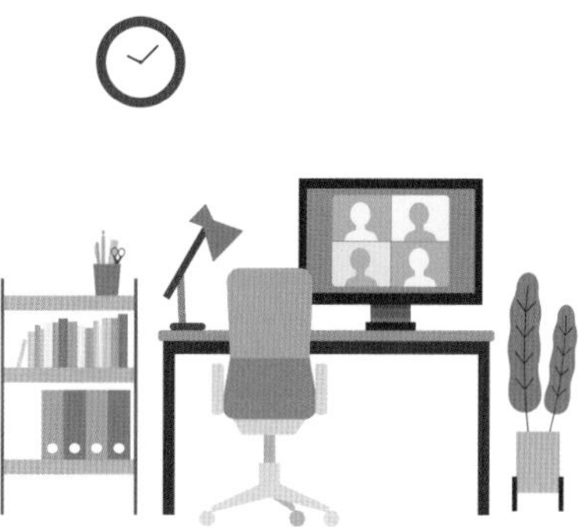

01 Excelでビジネスを促進！関数入力の基本から覚えよう

- ●関数の入力方法をマスターする
- ●Excelにはさまざまな関数が用意されている

Excelにはビジネスで役立つ多くの関数が用意されています。まずは関数の使い方の基本を見ていきましょう。ここではPRODUCTという関数を使って、指定した引数（単価と販売数）を掛け算して販売高を出してみます。

1 セルを選択して関数を選ぶ

まず関数を入力するセルを選択しましょう。「G6」セルを選択して、[数式]タブの[数学/三角]をクリックしてリストから[PRODUCT]関数を選択します。

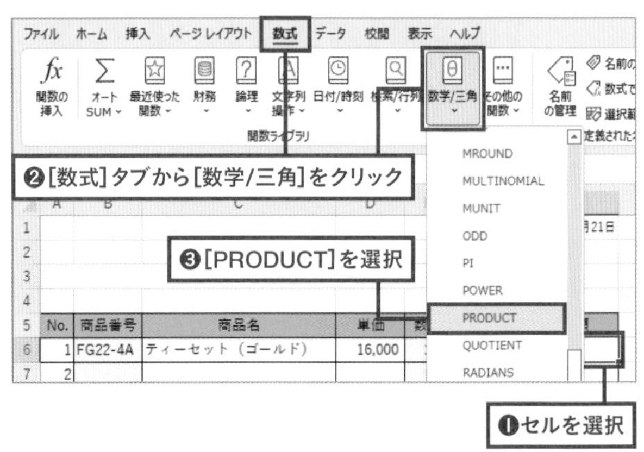

2 引数を入力する

[PRODUCT]関数を選択すると、[関数の引数]ダイアログボックスが表示されました。[数値1]をクリックして「D6」セルを選択すると[数値1]ボックスに「D6」のセル番地が入力されました。同様に[数値2]ボックスをクリックして「E6」セルを選択します。

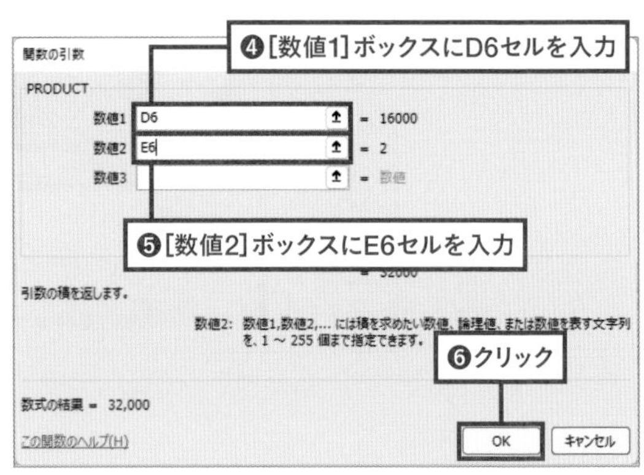

3 関数が入力された

「G6」セルに結果が表示されました。数式バーを確認すると「=PRODUCT (D6,E6)」と入力されています。
これが、基本的な関数の入力方法です。

❽関数が入力されている
❼結果が表示された

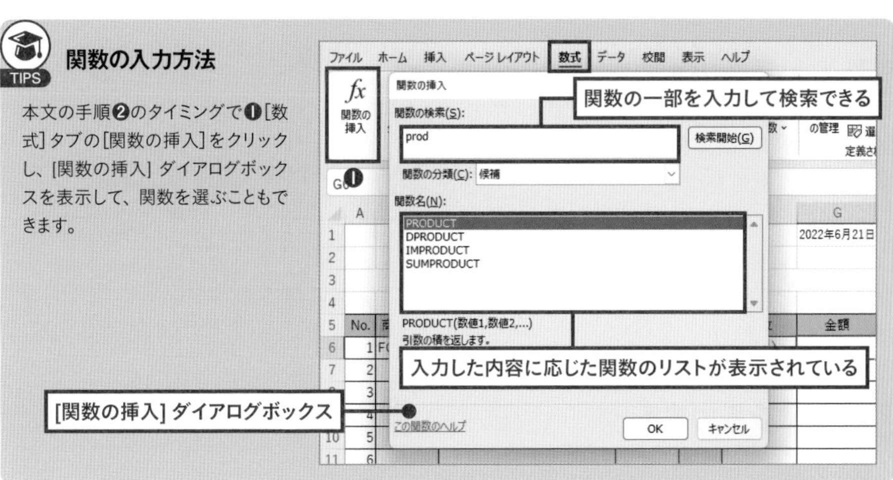

関数の入力方法

本文の手順❷のタイミングで❶[数式]タブの[関数の挿入]をクリックし、[関数の挿入] ダイアログボックスを表示して、関数を選ぶこともできます。

関数の一部を入力して検索できる
入力した内容に応じた関数のリストが表示されている
[関数の挿入] ダイアログボックス

PRODUCT関数

PRODUCT関数は、引数に指定したセル番号をかけ算した結果を表示します。上記の例では、「=D6*E6」とも書くことができますが、PRODUCT関数は特に複数のセルをかけ算するときに便利な関数です。
たとえば、以下の図では「=PRODUCT (C2:E2)」と入力することで、単価×在庫×卸率をスッキリ計算することができました。

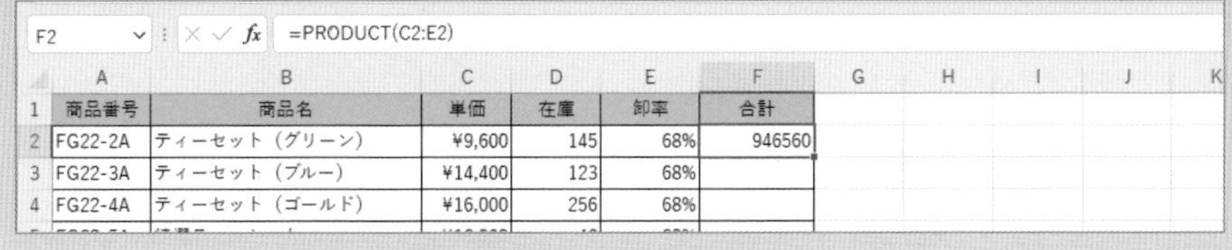

F2 =PRODUCT(C2:E2)

	A	B	C	D	E	F
1	商品番号	商品名	単価	在庫	卸率	合計
2	FG22-2A	ティーセット（グリーン）	¥9,600	145	68%	946560
3	FG22-3A	ティーセット（ブルー）	¥14,400	123	68%	
4	FG22-4A	ティーセット（ゴールド）	¥16,000	256	68%	

02 使い方に慣れてきた関数はセルにそのまま直接入力！

Point
- ●関数にはさまざまな入力方法がある
- ●手入力でも予測変換されるため、頭の数文字だけ入力すればOK

関数の使い方を覚えてきたら、セルに直接入力しましょう。オートコンプリート機能を備えているので、「=」に続けて関数を入力していくと補完して関数を表示してくれます。ここでは112ページと同様、PRODUCT関数を挿入してみます。

1 関数を入力する

関数を入力するセルを選択します。「G6」セルを選択して、「=prod」と入力してみましょう。一致する関数の候補が絞り込まれます。[PRODUCT]関数を選択しました。

2 引数を入力する

引数も同じように直接入力していきます。引数と引数の間はカンマ「,」で区切りましょう。「Enter」キーを押すと「)」が補われて数式が確定します。数式バーに関数が入力されました。

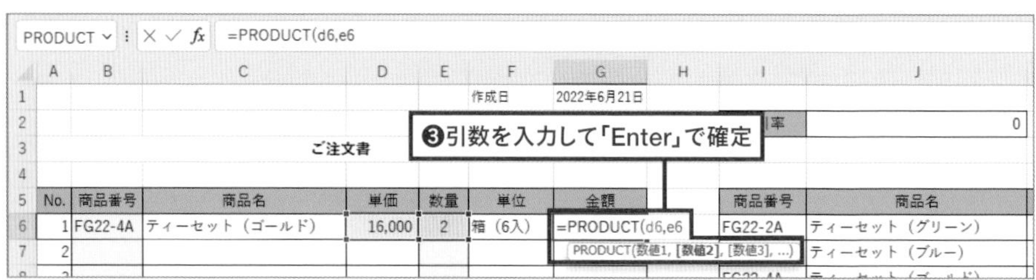

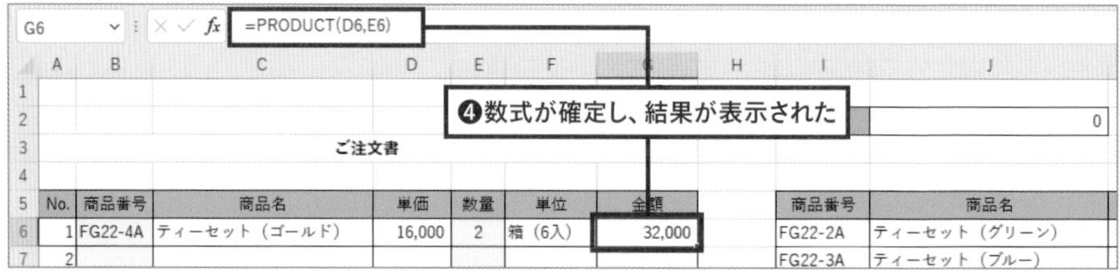

03 スピーディに平均点を算出する AVERAGE関数をマスター

- 平均点を簡単に求められるAVERAGE関数
- [オートSUM] から関数を挿入すると便利

数値の平均を求めるには、AVERAGEという関数を使います。103ページで使った[オートSUM] ボタンを使えばこれを自動で挿入してくれます。ここではクラスのテスト結果を例に「国語」(B列) の平均点を算出してみましょう。

平均点を求めるAVERAGE関数

平均を表示する「B28」セルを選択して[ホーム] タブの[オートSUM] から[平均] をクリックします。

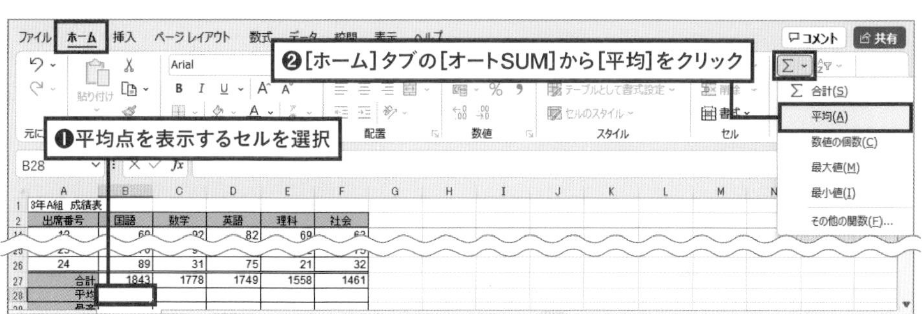

合計値の「B27」セルも選択されてしまったため、セル範囲を「B2〜B26」に選択し直して「Enter」キーを押しましょう。

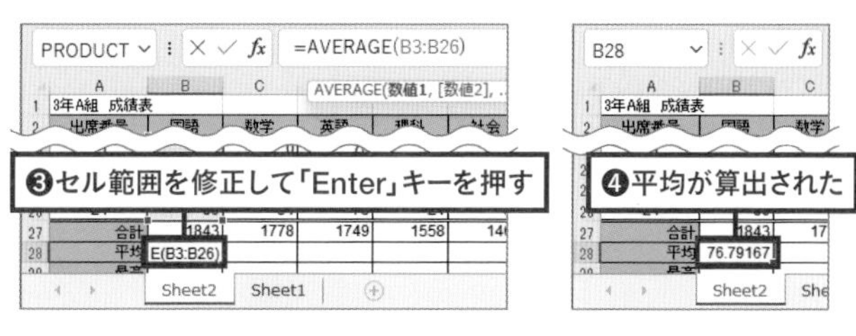

AVERAGE関数は文字列を除外して計算する

AVERAGE関数では、指定したセル範囲内に文字列や空欄のセルがあった場合、計算の対象とならないため注意しましょう。数値以外のデータが入力されたセルを「値が0のセル」として計算に含めるには、「AVERAGEA」という関数を使います。

AVERAGE関数

AVERAGE関数は、平均を求める関数です。

=AVERAGE (数値1,数値2,…)

指定したセル範囲の平均値を求める

04 数値入力されたセルの個数から受験者数を算出したい

- セルの個数を数えるCOUNT関数
- [オートSUM]から関数を挿入すると便利

数値が入力されたセルの個数を求めるには、COUNTという関数を使います(空白や文字の入ったセルはカウントされません)。今回も[オートSUM]ボタンを活用し、「国語」の試験を受けた人数を求めてみましょう。

数値を含むセルの数を求めるCOUNT関数

結果を表示する「F31」セルを選択し、[ホーム]タブの[オートSUM]から[数値の個数]をクリックします。

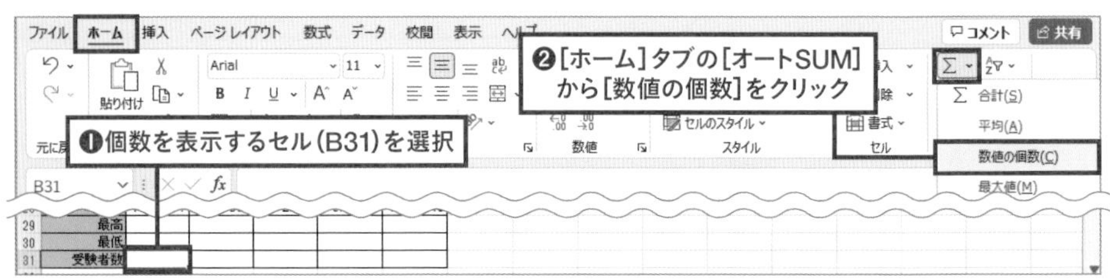

合計値や平均値セルも選択されてしまったため、セル範囲を「B3〜B26」に選択し直して「Enter」キーを押しましょう。「B3〜B26」セルに入力されている点数データの個数、すなわち受験者数が表示されました。

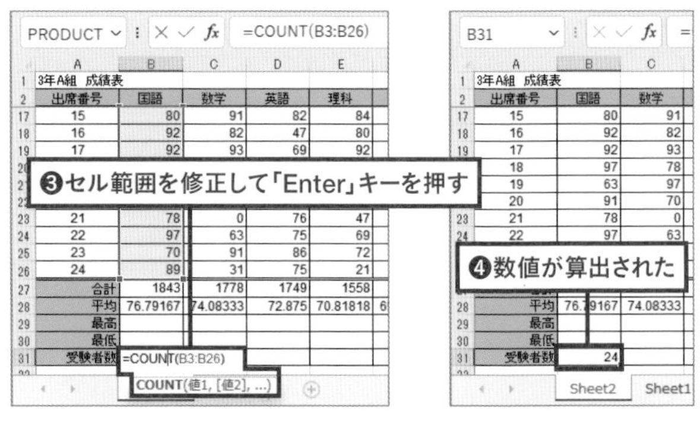

COUNT関数は文字列を除外する

COUNT関数は、AVERAGE関数と同様、文字列や空欄セルはカウントの対象となりません。数値以外のデータも含めてデータの個数を求めたいときは、「COUNTA」という関数を使います。

COUNT関数

COUNT関数は、指定したセル範囲の中の数値を含むセルの個数を求める関数です。

=COUNT(数値1,数値2,…)
数値データの数を求める

05 指定範囲の最大値や最小値を手軽に求めるには？

- 最大値を求めるにはMAX関数、最小値を求めるにはMIN関数を使う
- [オートSUM]から関数を挿入すると便利

ここでは「国語」の採点結果の中から最高得点を求めてみましょう。最大値を求めるにはMAXという関数（最小値の場合はMIN関数）を使いますが、こちらも[オートSUM]ボタンを利用して挿入できます。

最大値を求めるMAX関数

結果を表示する「B29」セルを選択し、[ホーム]タブの[オートSUM]から[最大値]をクリックします。

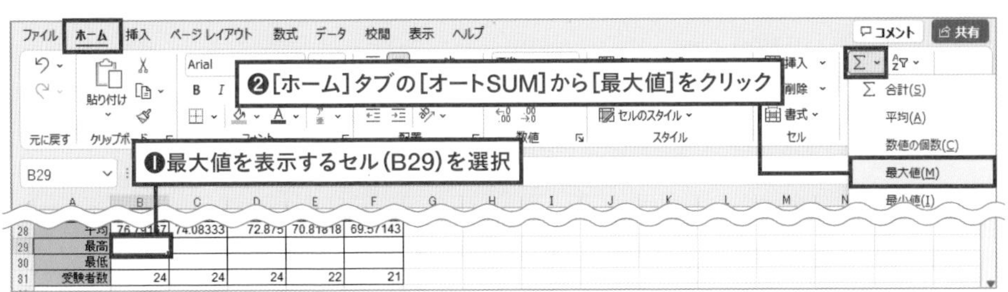

合計値、平均値セルも選択されてしまったため、セル範囲を「B3〜B26」に選択し直して「Enter」キーを押しましょう。「B3〜B26」セルに入力されている点数データの中の最大値が表示されました。

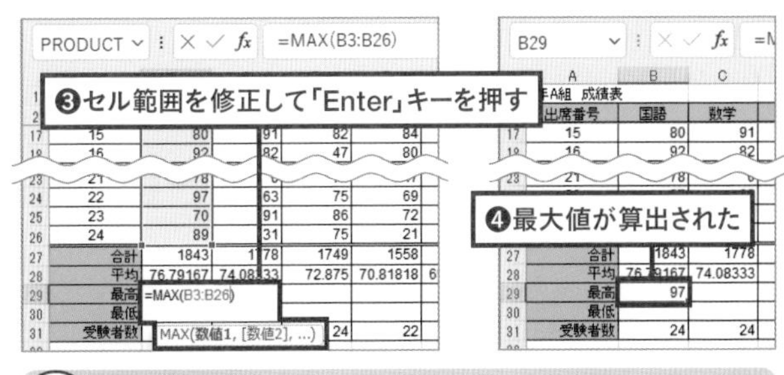

最小値を求めるMIN関数

最小値を求めるには、[オートSUM]から[最小値]を選択します。

MAX関数とMIN関数

MAX関数は、指定されたセル範囲内の数値から最大値を求める関数です。MIN関数を使うと、反対に最小値を求められます。

=MAX（数値1,数値2,…）
指定された数値データのうち、最大値を求める

=MIN（数値1,数値2,…）
指定された数値データのうち、最小値を求める

06 報告書の日付や時間を手軽に表示するには？

- 日付や時間は関数にお任せ
- TODAY関数には引数の設定は必要なし

関数を利用すれば、文書を開いた日時を常に表示できます。今日の業務内容を報告書にまとめる際など、毎回日時を入力し直さなくて済むので、仕事の効率アップが図れます。

日付を表示するTODAY関数

結果を表示する「G1」セルを選択し、[数式]タブの[関数ライブラリ]から[日付/時刻]をクリックします。リストの中から[TODAY]関数を選びます。

❶セルを選択
❷[数式]タブの[日付/時刻]から[TODAY]を選択

表示されたダイアログの[OK]ボタンをクリックすると、今日の日付が表示されました。

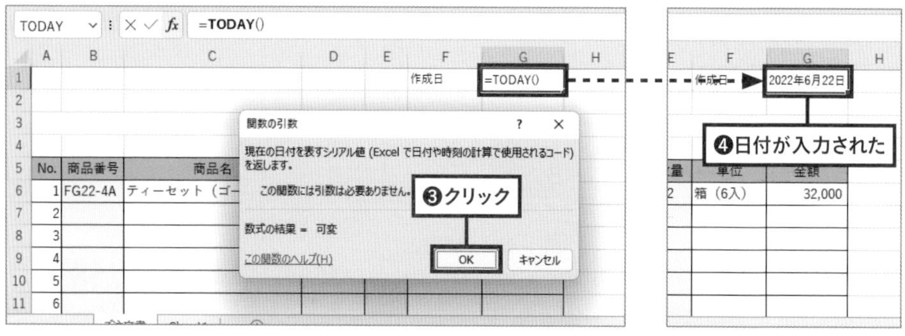

=TODAY()
作成日
2022年6月22日
❸クリック
❹日付が入力された

時刻を表示するNOW関数

現在の時刻もあわせて表示するには、同様の手順でNOW関数を入力しましょう。

07 面倒な作業はExcelまかせ！関数で数値を四捨五入する

- 四捨五入をするROUND関数
- 小数点の切り上げ・切り捨てはROUNDUP関数とROUNDDOWN関数で行う

四捨五入は難しい計算ではありませんが、小数点以下を切り捨てたり切り上げたりする作業は面倒なものです。関数を使って効率化しましょう。

ROUND関数を使用すると、小数点以下の桁数を指定して四捨五入することができます。

1 ROUND関数を検索して選択する

「B33」セルを選択し、[数式]タブの[関数の挿入]ボタンをクリックして「round」で検索し、[ROUND]関数を選択します。

[OK]ボタンをクリックして、ダイアログを閉じましょう。

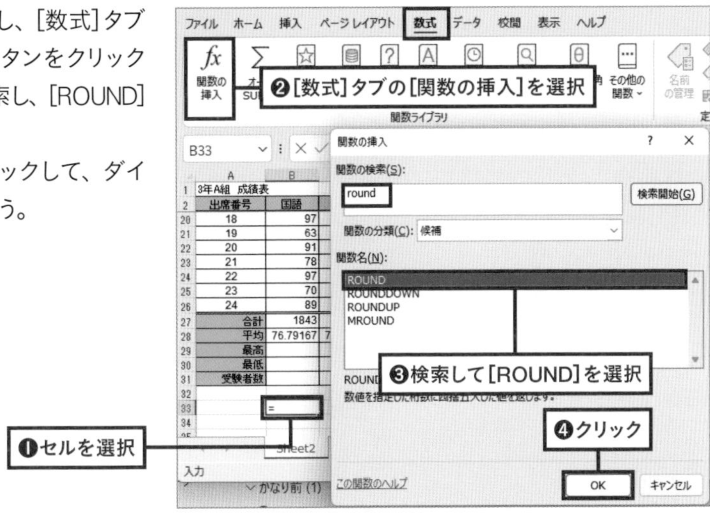

四捨五入と切り上げ・切り捨て

「3.141592」を小数点第3位で四捨五入したいとき、小数点第3位の数字は2つ目の「1」です。「1」を四捨五入するので四捨五入すると「3.14」となります。切り上げ・切り捨ても同様で、小数点第3位で切り上げると「3.15」、切り捨てると「3.14」となります。

四捨五入はROUND関数、切り上げはROUNDUP関数、切り捨てはROUNDDOWN関数を使います。

2 数値と桁数を入力

[関数の引数]ダイアログが表示されるので、四捨五入したい対象のセルを[数値]に、小数点以下の桁を[桁数]に入力します。

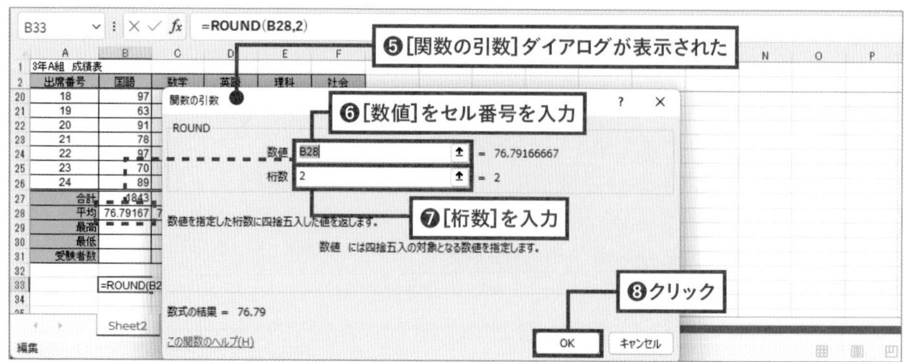

3 四捨五入された結果が表示された

小数点以下第3位で四捨五入された結果が表示されました。

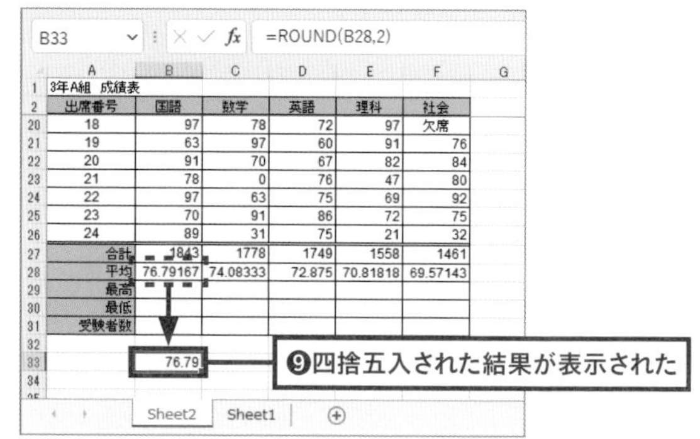

HINT 桁数を0にすると整数を表示できる

桁数を0に指定すると、小数点以下第1位を四捨五入して整数を表示することができます。

TIPS ROUND・ROUNDUP・ROUNDDOWN関数

ROUNDとROUNDUP、ROUNDDOWN関数の違いをマスターして、状況に合わせて使い分けましょう。

=ROUND(数値,桁数)
数値データを指定した桁数分で四捨五入する

=ROUNDUP(数値,桁数)
数値データを指定した桁数分で切り上げする

=ROUNDDOWN(数値,桁数)
数値データを指定した桁数分で切り捨てする

08 入力した文字列データからふりがなを取り出したい

- 入力時のデータの読みをふりがなとして抽出するPHONETIC関数
- 対象となるセルを選ぶだけでOK

91ページでは書式を設定してふりがなを表示しましたが、これを別のセルに取り出すこともできます。それにはPHONETIC関数を使います。氏名が入力されたセルの右側にふりがなを表示してみましょう。

ふりがなを取り出すPHONETIC関数

ふりがなを表示するセルを選択し、[数式] タブの[関数の挿入] ボタンをクリックして「phonetic」で検索して[PHONETIC]関数を選択します。

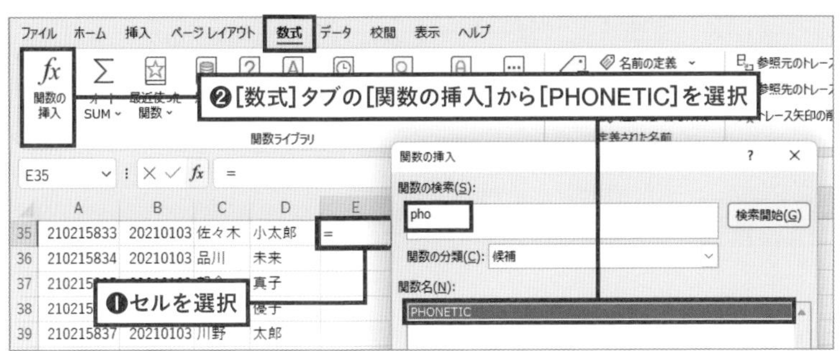
❶セルを選択
❷[数式]タブの[関数の挿入]から[PHONETIC]を選択

[関数の引数] ダイアログが表示されるので、[参照] に氏名が入力されたセルを入力し、[OK]ボタンをクリックします。

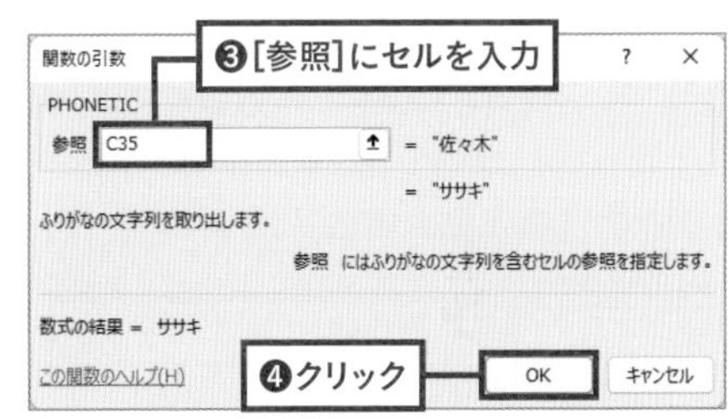
❸[参照]にセルを入力
❹クリック

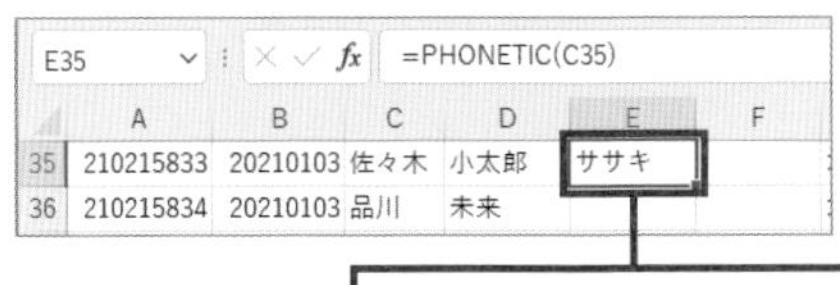
❺セルにふりがなが表示された

PHONETIC関数

PHONETIC関数を使うと、Excelに入力したデータの読みを表示することができます。

=PHONETIC (文字列)

データの読みをふりがなとして表示する

09 指定した条件によって行う処理を変えるIF関数

- 条件を設定して処理を分岐できるIF関数
- 文字列を指定するときは必ず「""」で囲む

条件を指定して処理を分けるIF関数

条件によって行う処理を分岐させたい場合はIF関数を使いましょう。ここでは、入力されているデータが65点以上なら「合格」、それ以下なら「追試」と表示させる関数を作ります。

1 IF関数を選択する

結果を表示するセルを選択し、[数式]タブの[関数の挿入]ボタンをクリックして「if」で検索して[IF]関数を選択します。

❷[数式]タブの[関数の挿入]から[IF]を選択
❶セルを選択

2 条件と処理を入力する

[関数の引数]ダイアログが表示されました。[論理式]に条件、[値が真の場合]と[値が偽の場合]にそれぞれ行う処理を入力して[OK]ボタンをクリックしましょう。ここでは条件が「65点以上だったら」なので[論理式]には「B3>=65」、条件通りなら「合格」、それ以外は「追試」となるので、[値が真の場合]に「"合格"」、[値が偽の場合]に「"追試"」と入れます。

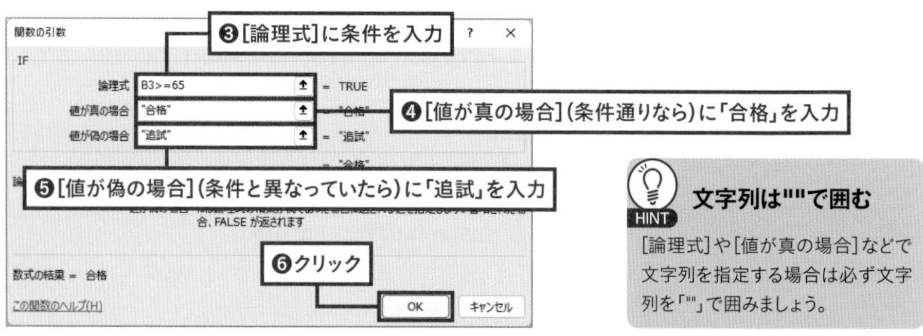

❸[論理式]に条件を入力
❹[値が真の場合](条件通りなら)に「合格」を入力
❺[値が偽の場合](条件と異なっていたら)に「追試」を入力
❻クリック

HINT 文字列は""で囲む

[論理式]や[値が真の場合]などで文字列を指定する場合は必ず文字列を「""」で囲みましょう。

3 結果が出力された

結果が出力されました。必要なセルまで関数の入ったセルをドラッグしてコピーします。

C3 =IF(B3>=65,"合格","追試")

	A	B	C	D	E	F
1	3年A組 成績表					
2	出席番号	国語	評価			
3	1	8	合格			
4	2	78	合格			
5	3	60	追試			
6	4	67	合格			
7	5	76	合格			
8	6	75	合格			
9	7	86	合格			
10	8	47	追試			
11	9	72	合格			
12	10	90	合格			
13	11	47	追試			
14	12	69	合格			
15	13	72	合格			
16	14	69	合格			
	15	80	合格			
		92	合格			
		92	合格			
		97	合格			
		63	追試			
22	20	91	合格			
23	21	78	合格			
24	22	97	合格			
25	23	70	合格			
26	24	89	合格			
27	合計	1843				

Sheet2 Sheet1

❼ドラッグしてコピー

❽65点以上には[合格]、それ以外には[追試]と表示されている

[値が真の場合]や[値が偽の場合]に数式を入れることも可能

上記の例では単純にテキストのみを表示しましたが、[値が真/偽の場合]に数式を入れることも可能です。税込み購入額が20,000円以上なら5%の割引、それ以下なら送料として1,500円を追加するIF関数を作ってみましょう。

1 IF関数を設定

120ページと同様の手順で[関数の引数]ダイアログを表示したら、[論理式][値が真の場合][値が偽の場合]にそれぞれ入力していきましょう。

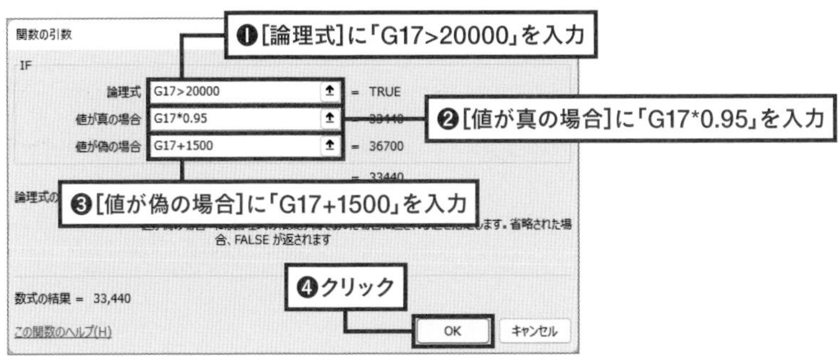

2 結果が表示された

ダイアログに入力したように、結果が表示されました。税込みの購入金額が20,000円以上なので、35,200円から5%割引されて33,440円となっています。

IF関数

IF関数は設定した条件によって、2つの結果を出し分けることができます。

=IF (論理式, 真の場合, 偽の場合)

論理式　：条件を指定

真の場合：条件通りの場合の処理

偽の場合：条件に合わなかった場合の処理

10 IF関数で3つ以上の条件を指定したい!

- 関数を入れ子にするネストをマスターする
- IF関数で複数の条件を設定したければIFS関数を使うのも手

IF関数の中にIF関数を入れ子にして使用することもできます(ネストと言います)。IF関数では通常、1つの条件に対して真と偽、2つの結果に分岐することができますが、IF関数をネストすることで、たとえば100点ならA評価、80点以上ならB評価、60点以上ならC評価、それ以下は追試…というように、条件を複数設定することができるのです。

1 最初の条件を設定する

最初の手順は122ページと同様です。セルを選択して[数式]タブの[関数の挿入]からIF関数を選ぶと[関数の引数]ダイアログが表示されます。100点の場合はA評価を表示するため、[論理式]に「B3=100」、[値が真の場合]に「"A評価"」と入力したら、[値が偽の場合]をクリックし、左上の[名前ボックス]をクリックします。

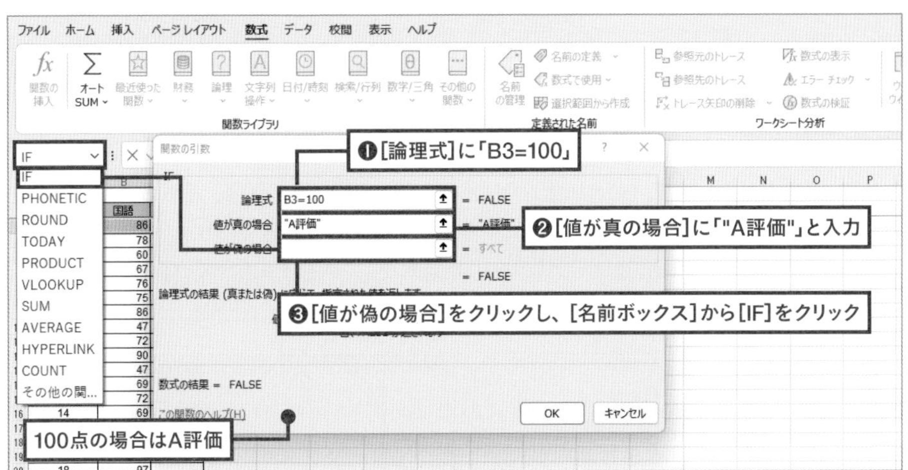
❶[論理式]に「B3=100」
❷[値が真の場合]に「"A評価"」と入力
❸[値が偽の場合]をクリックし、[名前ボックス]から[IF]をクリック
100点の場合はA評価

2 2つ目の条件を設定する

すると新しい[関数の引数]ダイアログが表示されました。
[論理式]に「B3>=80」、[値が真の場合]に「"B評価"」と入力したら、[値が偽の場合]をクリックし、再度左上の[名前ボックス]をクリックします。

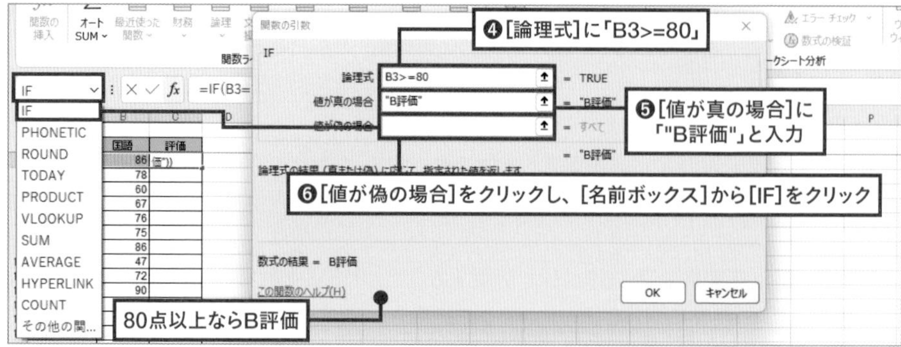
❹[論理式]に「B3>=80」
❺[値が真の場合]に「"B評価"」と入力
❻[値が偽の場合]をクリックし、[名前ボックス]から[IF]をクリック
80点以上ならB評価

3 3つ目の条件を設定する

再度、新しい[関数の引数]ダイアログが表示されました。[論理式]に「B3>=60」、[値が真の場合]に「"C評価"」と入力したら、[値が偽の場合]には"追試"と入力して[OK]をクリックします。

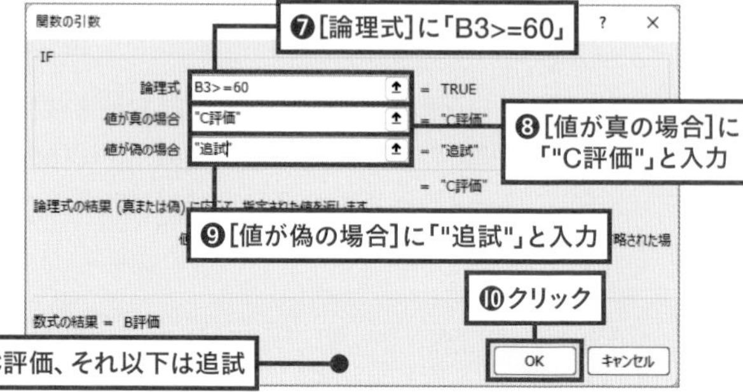
❼[論理式]に「B3>=60」
❽[値が真の場合]に「"C評価"」と入力
❾[値が偽の場合]に「"追試"」と入力
❿クリック
60点以上はC評価、それ以下は追試

4 結果が表示された

これで、100点ならA評価、80点以上ならB評価、60点以上ならC評価、それ以下は追試のIF関数が完成しました。数式を見ると「=IF (B3=100,"A評価",IF (B3>=80,"B評価",IF (B3>=60,"C評価","再試験")))」とIF関数の中にIF関数が2つ入れ子になっているのがわかります。

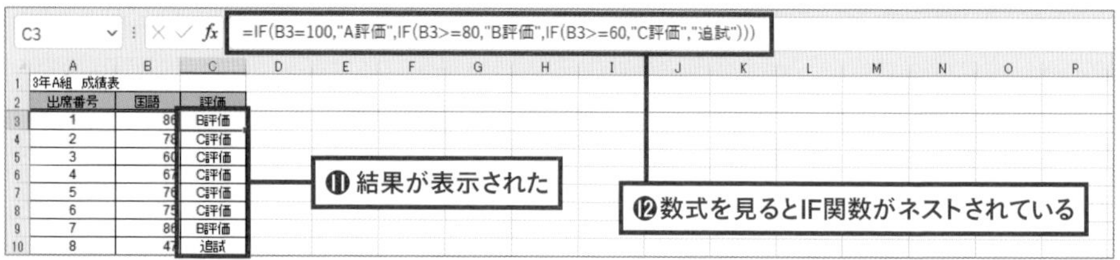
=IF(B3=100,"A評価",IF(B3>=80,"B評価",IF(B3>=60,"C評価","追試")))
⓫結果が表示された
⓬数式を見るとIF関数がネストされている

TIPS IFS関数で複数の条件を設定可能

ネストを説明するため、ここではIF関数使って説明しましたが、実はExcel 2019以降のバージョンでは、複数の条件をさらに簡単に設定できるIFS関数を使うことができます。「=IFS (B3=100,"A判定",B3>=80,"B判定",B3>=60,"C判定",B3<=60,"追試")」と入力すると、上記と同じ判定が可能です。

11 他の表のデータを使って検索する VLOOKUP関数

- 型番号などをキーにしてリストのデータを表示するVLOOKUP関数
- 表の縦方向にデータを検索して一致した値を表示する

VLOOKUP関数を使うと、製品の型番、製品名、単価といった情報をまとめた「製品データ」の表から、必要な情報を取得して請求書などを作成することができます。

1 [関数の引数]ダイアログを表示する

以下は、注文書と商品リストが一体になった表です。注文書に商品番号を入力すると、商品リストの情報と照合して自動的に注文書に商品の情報を表示させる仕組みをVLOOKUP関数を使って作成します。商品名を表示させたいセルを選択し、[数式]タブの[関数の挿入]をクリックしてVLOOKUP関数を検索して選びましょう。[関数の引数]ダイアログが表示されます。

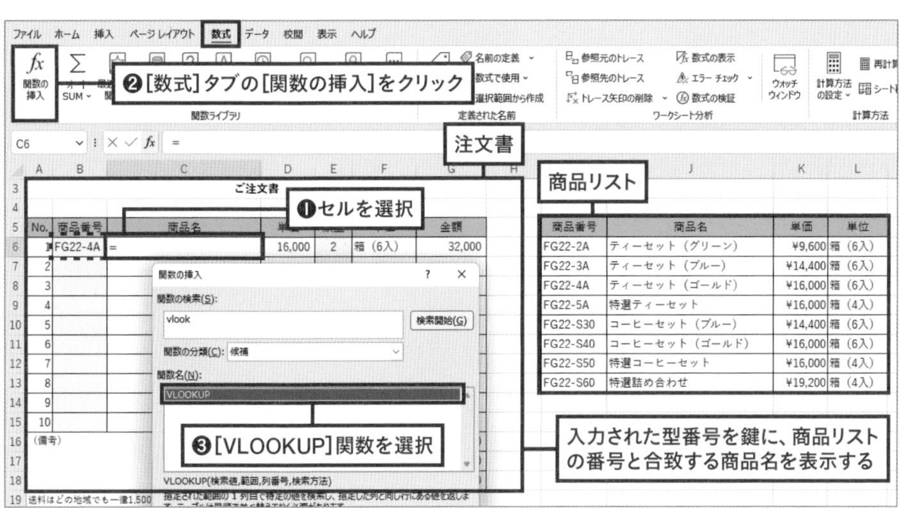

2 検索値や範囲を指定する

[検索値]には請求書に型番号を入力している「B6」セルを入力し、[範囲]には商品データの表のセル範囲を絶対参照で「I6:L13」と指定します。列番号は商品名が先ほど指定した「I6:L13」セル範囲の何列目にあるかを入力します(ここでは「2」を入力)。[検索方法]に「0」を入力したら、[OK]をクリックしましょう。

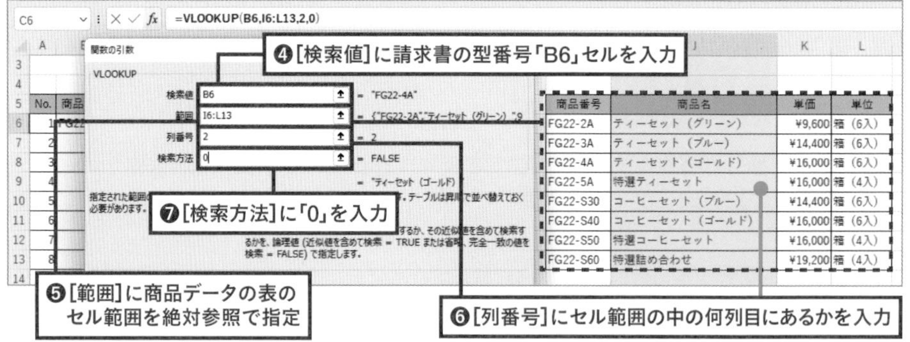
=VLOOKUP(B6,I6:L13,2,0)
❹[検索値]に請求書の型番号「B6」セルを入力
❺[範囲]に商品データの表のセル範囲を絶対参照で指定
❻[列番号]にセル範囲の中の何列目にあるかを入力
❼[検索方法]に「0」を入力

検索方法に「0」を入力するのはなぜ？

[検索方法]に「0」を入力することで、[検索値]がセル範囲内のデータと完全に一致する値のみを求めるように検索方法を指定します。「1」を入力した場合、セル範囲内にある最も近い値を求めます。

3 結果が表示された

「C6」セルを確認すると、商品リストから商品名が取り出されて表示されました。数式を確認すると「=VLOOKUP (B6,I6:L13,2,0)」と入力されています。

C6 =VLOOKUP(B6,I6:L13,2,0)

❽商品名が表示された

No.	商品番号	商品名	単価	数量	単位	金額
1	FG22-4A	ティーセット（ゴールド）	16,000	2	箱（6入）	32,000
2						
3						
4						

商品番号	商品名
FG22-2A	ティーセット（グリーン）
FG22-3A	ティーセット（ブルー）
FG22-4A	ティーセット（ゴールド）
FG22-5A	特選ティーセット

VLOOKUP関数

VLOOKUP関数は、表の縦方向にデータを検索して一致した値と同じ行にあるデータを返し（表示し）ます。商品リストや顧客番号など、あらかじめ作成したリストからデータを探し出して別シートなどで作成した請求書などに情報を表示することができます。

=VLOOKUP (検索値,範囲,列番号,検索方法)

検索値　：探すデータを指定

範囲　：探す範囲を指定

列番号　：範囲の中で何番目の列を探すのか指定

検索方法：「0」(FALSE) または「1」(TRUE) で指定する。まったく同じ値を検索する際は「0」を入力

12 VLOOKUP関数がグレードアップ XLOOKUP関数で手軽に値を取り出す

- VLOOKUP関数より引数の設定が簡単！
- 検索値より左側にあるデータも取り出し可能

より直感的に操作できるXLOOKUP

Excel 2021の新機能として追加された関数の1つがXLOOKUP関数です。VLOOKUP関数と同じように、データを検索して一致した値と同じ行にあるデータを返す(表示する)関数ですが、VLOOKUP関数より、引数の設定が簡単になりました。

以下は、XLOOKUP関数を使用して商品名を取り出して表示した図です。検索範囲として指定するのは商品番号が入っているセル範囲、戻り範囲として指定するのは取り出したい商品名が入っているセル範囲です。

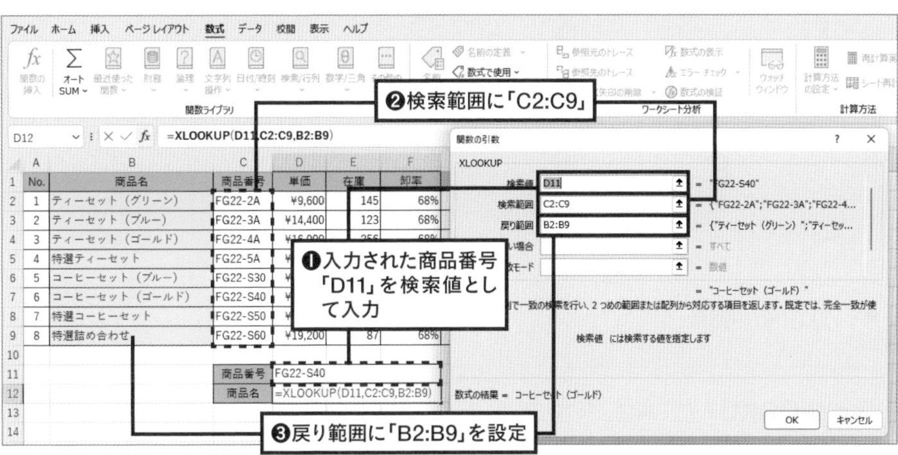
❶入力された商品番号「D11」を検索値として入力
❷検索範囲に「C2:C9」
❸戻り範囲に「B2:B9」を設定
=XLOOKUP(D11,C2:C9,B2:B9)

XLOOKUPで指定できる一致モードと検索モードとは？

HINT

XLOOKUPには、VLOOKUPにはなかった引数が設定できます。その中の1つが[一致モード]です。上記の図では、入力を省略していますが、「0」「-1」「1」「2」を入力して検索値の一致の種類を指定することができます(省略時は自動的に「0」が指定される)。また、[検索モード]では、検索の順番を「1」(上から下に検索)「-1」(下から上に検索)「2」(バイナリ検索：昇順)「-2」(バイナリ検索：降順)で指定することができます。

0	完全一致。見つからない場合は「#N/A」を返す(デフォルト値)
-1	完全一致。見つからない場合は、その次に小さい値を返す
1	完全一致。見つからない場合は、その次に大きい値を返す
2	ワイルドカード。特定の文字列が入ったデータを取り出すときには、検索の文字列を「**」(例:"S60"など)を囲んで指定して、[一致モード]に「2」を指定します。

VLOOKUP関数との大きな違いとは?

VLOOKUP関数では検索列が左端であるという制約があったため、これまでは検索に使用する商品番号などを必ず検索範囲の左側に配置してリストを作成する必要がありました。これに対しXLOOKUP関数では、検索のセル範囲を自由に指定することができます。これによって、データの表をある程度自由に作成することができるようになりました。

また、検索範囲の指定も探したい商品番号などが入力されているセル範囲を列のみ指定すればよいため、引数の入力も楽になりました。

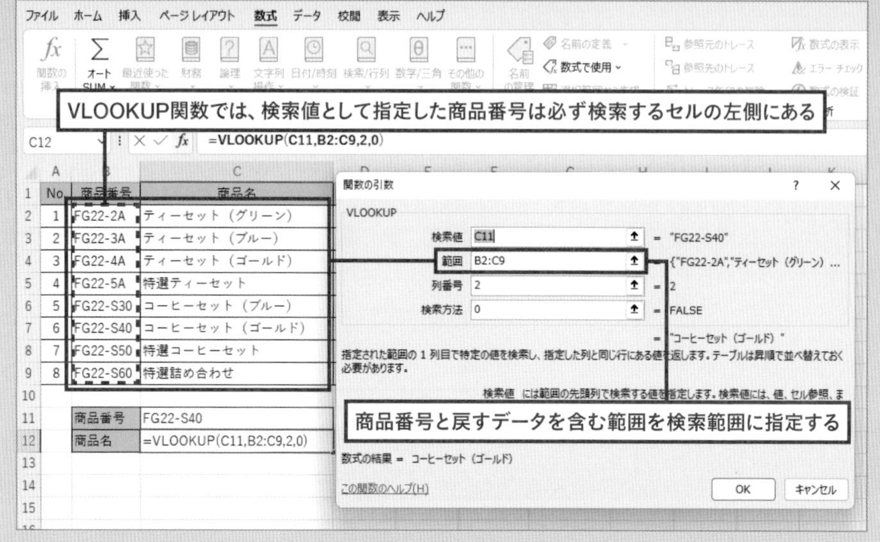

XLOOKUP関数

=XLOOKUP (検索値, 検索範囲, 戻り配列, 見つからない場合,
一致モード, 検索モード)

検索値　：探すデータを指定

検索範囲　：探す範囲を指定

戻り配列　：返す配列を指定

見つからない場合：見つからないときの処理を指定(※任意入力)

一致モード　：「0」「-1」「1」「2」で指定(※任意入力)

検索モード　：「1」「-1」「2」「-2」で指定(※任意入力)

13 複数の関数を組み合わせて支店の売上順位をカンタン表示

- ●関数の組み合わせでさまざまな使い方が可能
- ●XMATCH関数とSORT関数はExcel 2021のみ使用可能

125ページのように、関数を入れ子にして組み合わせることで、さまざまな用途に使用することができます。ここではINDEX関数とXMATCH関数、SORT関数を使って、指定する支店の売上が全体の何位かを表示する仕組みを作りました。支店名とその売上金額が「A3〜B18」セルに入力されています。「D3」に支店名を入力すると「E3」に順位が表示されます。数式を確認すると、「=XMATCH (INDEX (B3:V18,XMATCH (D3,A3:A18)),SORT (B3:B18,1,-1))」と入力されていました。

複雑で一見すると何をしているかわかりにくいため、1つ1つ順を追って内容をみてみましょう。

1 XMATCH関数で指定した支店名が表の何番目にあるか表示する

まず、「D3」セルに入力した支店が、一覧表の何番目にあるかを調べます。XMATCH関数を使うと、指定したセルのデータが、セル範囲の中で何番目にあるかを求めることができます。

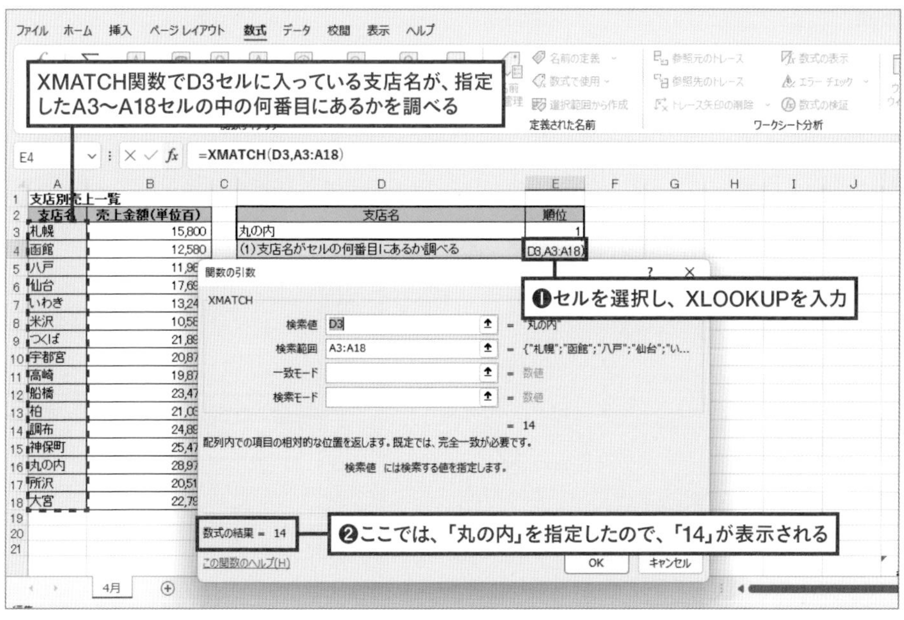

2 INDEX関数で14番目に入っている支店の売上金額を表示する

「丸の内」が14番目に入力されていることがわかりました。表の14番目に入っているセルの売上金額を調べます。行と列が交差する位置の値を返すINDEX関数を使って、「丸の内」の横にある金額データを抽出します。

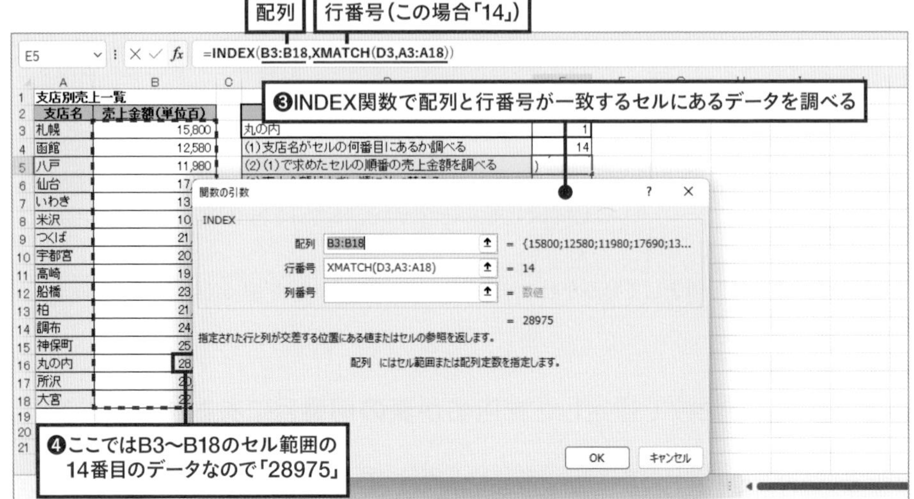

3 SORT関数で売上額が高い順に並べ替える

売上金額が高い順に並べ替えるにはSORT関数を使います。

4 XMATCH関数で売上データの順番を調べる

再度XMATCH関数を使用して 2 で求めた「28975」が、SORT関数で売上順に並べ替えられたデータの中の何番目にあるかを調べます。入れ子になっていると複雑に見えますが、分解していくと、XMATCH関数とINDEX関数で求めた売上データ「28975」が、SORT関数によって売上順に並べ替えられたデータの何番目にくるかを調べるXMATCH関数が完成しました。

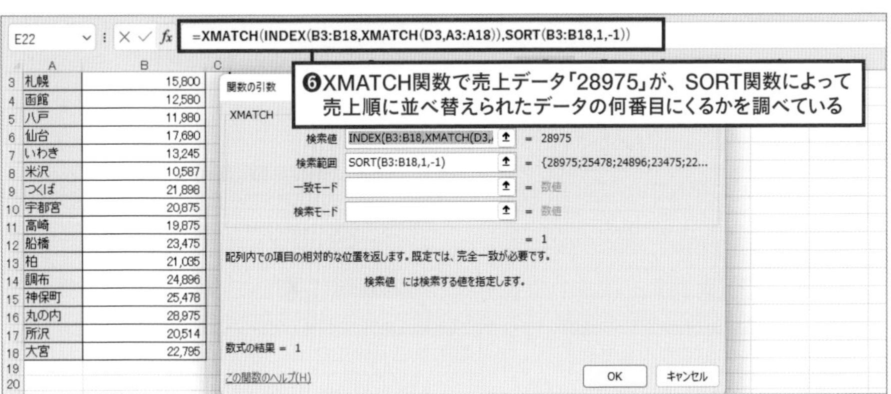

=14

=XMATCH (INDEX (B3:V18,XMATCH (D3,A3:A18)),SORT (B3:B18,1,-1))

28975　　売上を昇順で並べ替える

XMATCH、INDEX、SORT関数

XMATCH関数は、指定した範囲で値を検索して、最初に一致した項目の位置を返す関数です。

=XMATCH (検索値, 検索範囲, 一致モード, 検索モード)

一致モード：XLOOKUPと同じく「0」「-1」「1」「2」で一致の種類を指定（※任意入力）
検索モード：XLOOKUPと同じく「1」「-1」「2」「-2」で検索モードを指定（※任意入力）

INDEX関数は、指定した行と列の位置の値を返す関数です。

=INDEX (セル範囲, 行番号,列番号)

行番号：値を返す行を数値で指定する
列番号：値を返す行を数値で指定する（※任意入力）

SORT関数は、指定したセル範囲を指定の方法で並べ替えます。

=SORT (セル範囲, 並べ替え基準, 並べ替え順序, データの方向)

並べ替え基準：どの列を基準として並べ替えるか指定する（※任意入力）
並べ替え順序：「1」（昇順）、「-1」（降順）（※任意入力）
並べ替えの方向：「TRUE」（列）、「FALSE」（行）（※任意入力）

Column

関数名や演算子に誤りが！ 数式の内容を正すには

数式で関数名や演算子に間違いがあった場合は、数式バーから修正します(セルを直接ダブルクリックして直してもいいでしょう)。ここでは「B31」セルに入力されたCOUNT関数をCOUNTA関数に変えてみます。

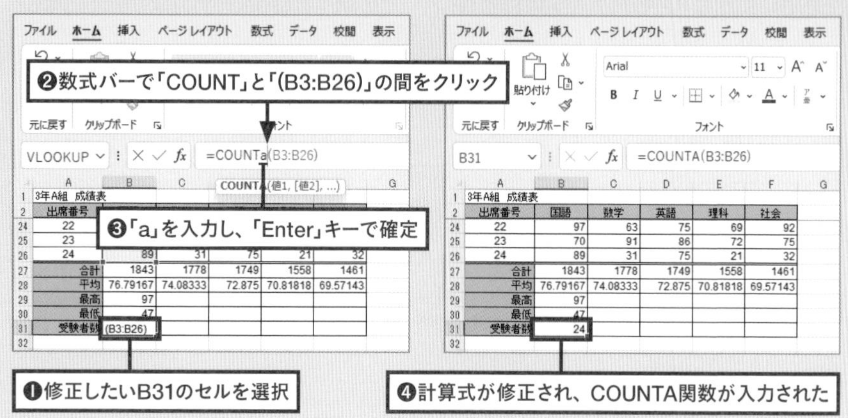
❷数式バーで「COUNT」と「(B3:B26)」の間をクリック
❸「a」を入力し、「Enter」キーで確定
❶修正したいB31のセルを選択
❹計算式が修正され、COUNTA関数が入力された

Column

セルに数式そのものを表示して一気にチェックする

表内でさまざまな数式を使っているとチェックをするのも一苦労です。セルに数式そのものを表示すれば、スムーズに確認作業が進められます。

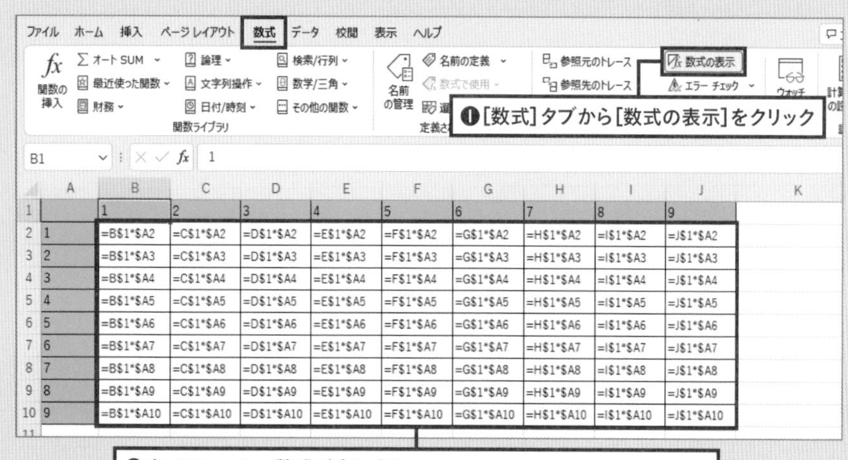
❶[数式]タブから[数式の表示]をクリック
❷すべてのセルの数式が表示された
※再度[数式の表示]をクリックすると、計算結果の表示に戻ります。

Chapter7

グラフを使って説得力ある資料を作る

苦労してまとめた結果であっても、数字を羅列しただけの表では、読み手にとってわかりづらいと捉えられてしまうかもしれません。グラフを使えば一瞬で内容が伝わり、資料に説得力が生まれます。ビジネスで効果的なグラフの作成方法を見ていきましょう。

01 資料の説得力をアップ！グラフ作成の基本を覚えよう

●数値データはグラフでさらにわかりやすくなる
●グラフを構成する要素と名前をチェック

ビジネスではただ資料で数字を羅列するより、グラフで見せた方が伝わりやすいというケースが多くあります。ここではグラフの基本的な作成方法を解説します。

1 データを選択してグラフを挿入する

グラフのもとになるデータの作成が完成したら、グラフにするセル範囲を選択します。[挿入]タブから[縦棒/横棒グラフの挿入]をクリックし、グラフを種類を選択しましょう(ここでは[集合縦棒]を選択しました)。

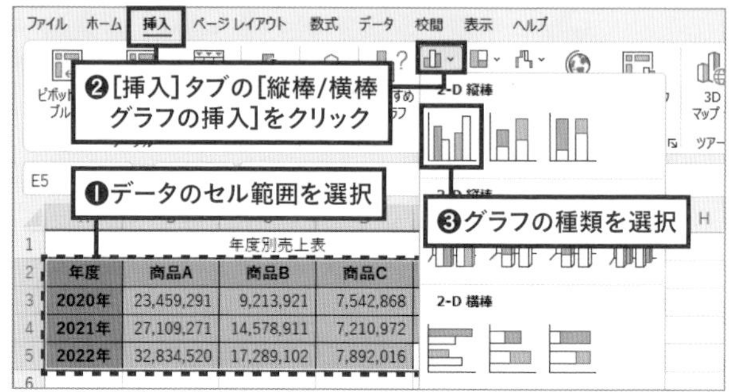

2 グラフが表示される

選択したデータをもとにしたグラフが表示されました。グラフを選択してリボンを確認すると、[グラフツール]が追加され、[グラフのデザイン]と[書式]タブが表示されました。ここでグラフのデザインや見せ方を変更できます。

グラフのサイズを変更する

グラフサイズを変更するには、グラフの四隅・四辺の中央にポインターを合わせ、[↗]のような矢印になったらドラッグします。

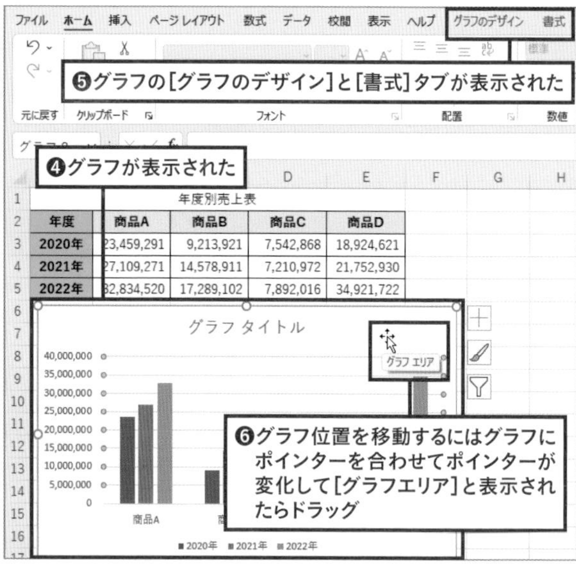

TIPS

グラフの縦軸と横軸を入れ替える

❶グラフを選択して❷[グラフのデザイン]タブの[行/列の切り替え]をクリックすると、❸縦軸と横軸の項目を入れ替えることができます。

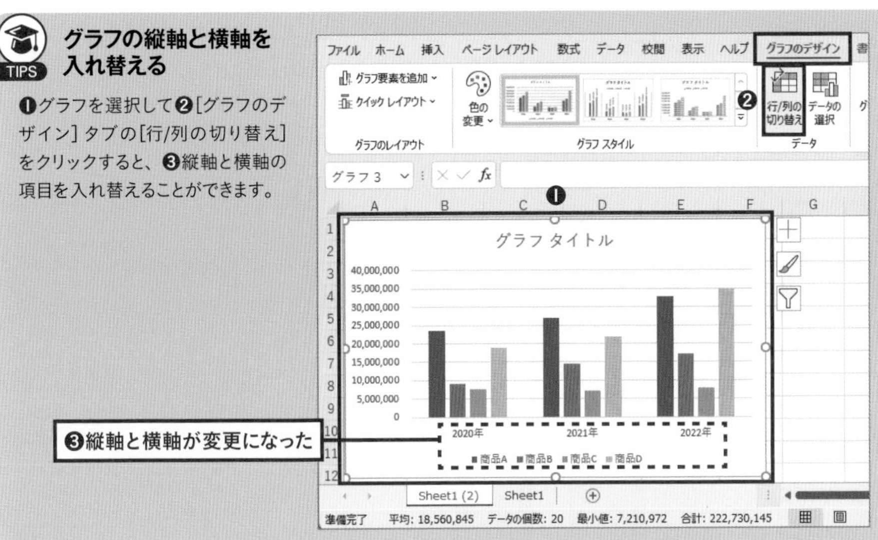

Column

グラフを構成する要素

グラフの主な要素は以下の通りです。それぞれ追加したり、場所を移動させるなどカスタマイズすることができます(141ページ)。

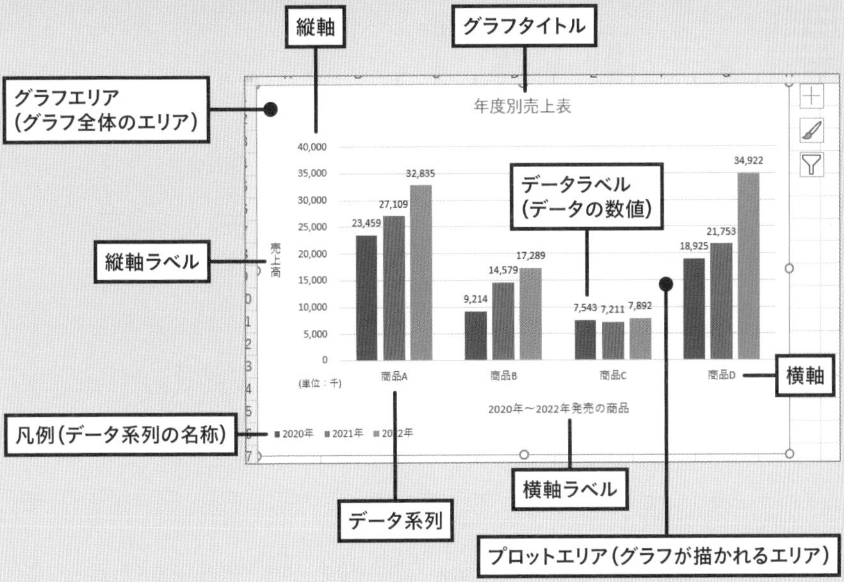

縦軸
グラフタイトル
グラフエリア(グラフ全体のエリア)
年度別売上表
40,000
35,000
30,000
25,000
20,000
15,000
10,000
5,000
0
(単位：千)
売上高
23,459 27,109 32,835
9,214 14,579 17,289
7,543 7,211 7,892
18,925 21,753 34,922
商品A 商品B 商品C 商品D
2020年～2022年発売の商品
■2020年 ■2021年 ■2022年
データラベル(データの数値)
縦軸ラベル
横軸
凡例(データ系列の名称)
横軸ラベル
データ系列
プロットエリア(グラフが描かれるエリア)

グラフの要素を選択する

グラフの各要素は編集に欠かせない基本操作です。基本的にはマウスで選択できますが、選択がうまくできない場合は、❶[書式]タブの❷[現在の選択範囲]から❸要素のリストを表示して選択するとよいでしょう。

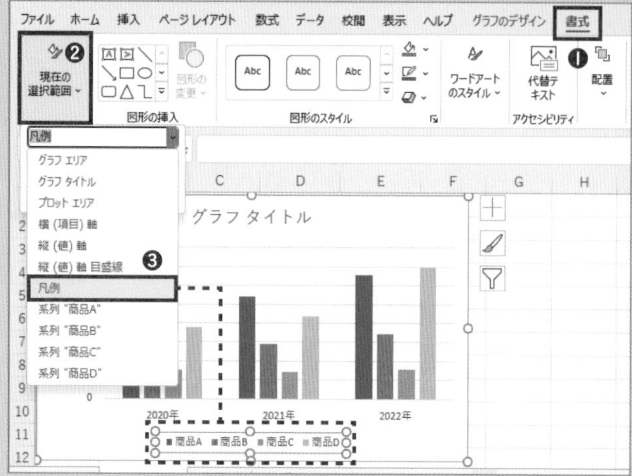

棒グラフの特定のデータのみをクリックしたい場合は、そのデータを2回クリックしましょう。[

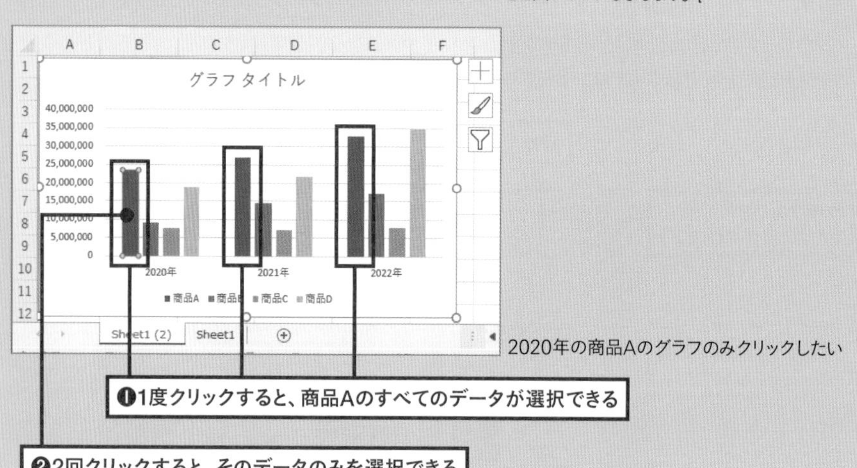

02 内容に合った種類を選ぼう！棒グラフを折れ線グラフに変更

Point
- 作成済みのグラフも[グラフの種類の変更]で簡単切り替え
- 見せたいデータに合わせて適切なグラフを選ぶ

グラフにはさまざまな種類があります。基本的に数値を比較するなら棒グラフ、数値の変化を知るなら折れ線グラフ、全体に対する割合を把握するなら円グラフを使うとよいでしょう。グラフの種類は作成後でも変更できます。ここでは、作成した棒グラフを折れ線グラフに変更する方法を確認しましょう。

1 [グラフの種類の変更]を選択する

変更したいグラフを選択して[グラフのデザイン]タブから[グラフの種類の変更]をクリックします。

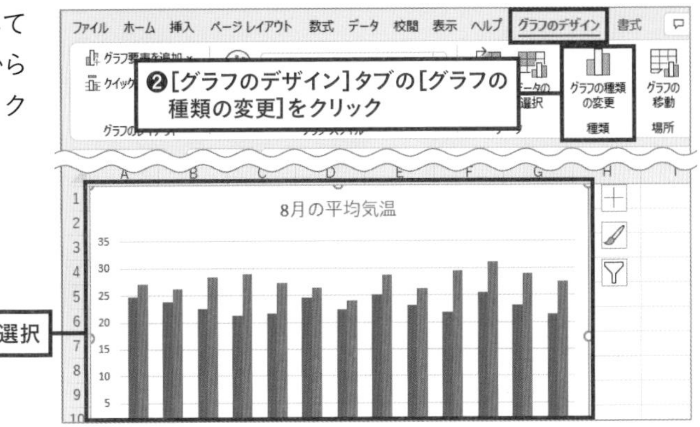

2 目的のグラフを選択する

[グラフの種類の変更]ダイアログが表示されました。[折れ線]を選択して、目的のグラフを選択します。

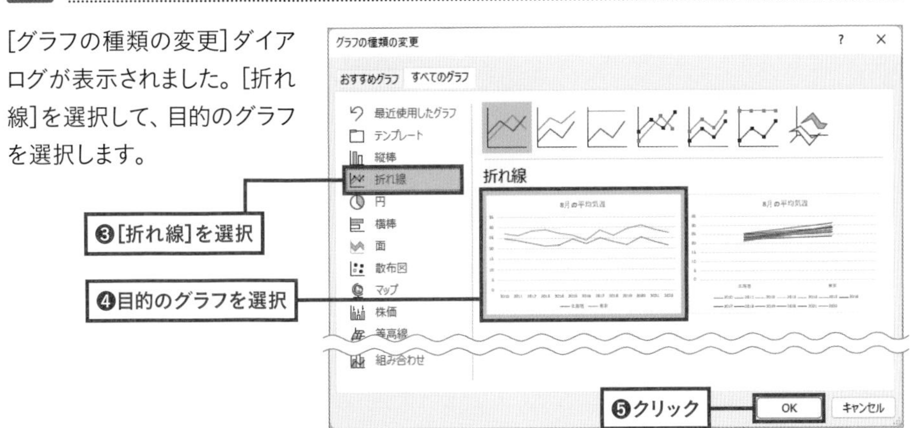

3 グラフが変更された

折れ線グラフに変更されました。

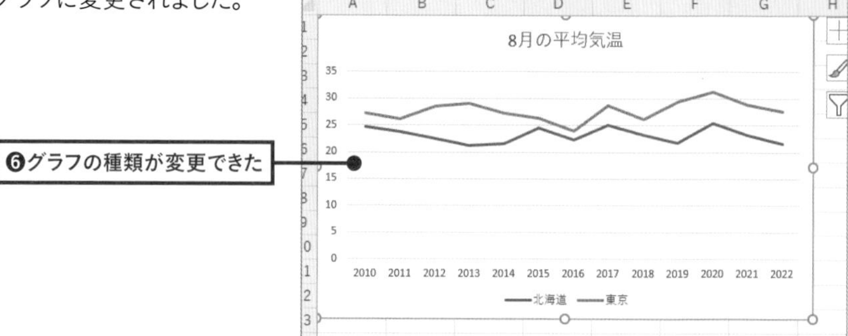

Column データに合った適切なグラフを選ぶ

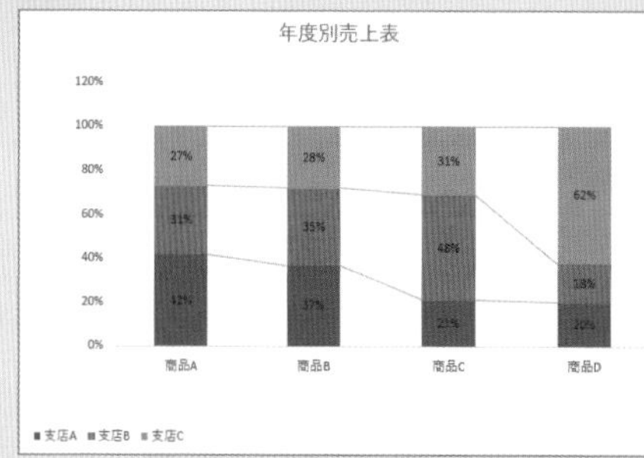

・縦棒グラフ

データの大きさを比較する。

活用例：

・商品A、商品B、商品Cの年度別売上比較表（集合棒グラフ）

・商品A、商品B、商品Cの上位売上高の地域の比較（積み上げ棒グラフ）

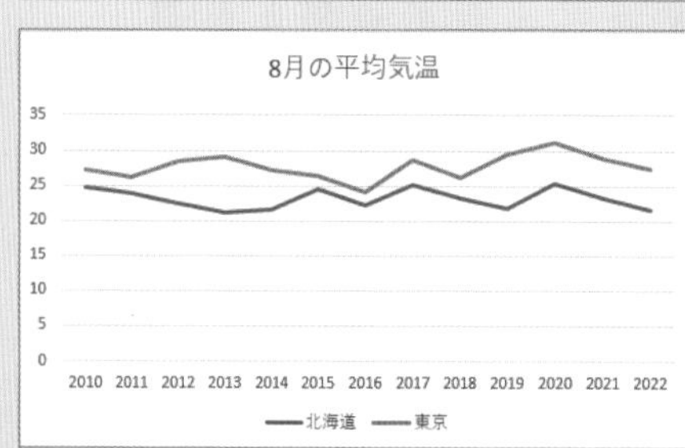

・折れ線グラフ

数値の変化を時系列で確認する。

活用例：

・サイトのアクセス数の推移

・気温の変化

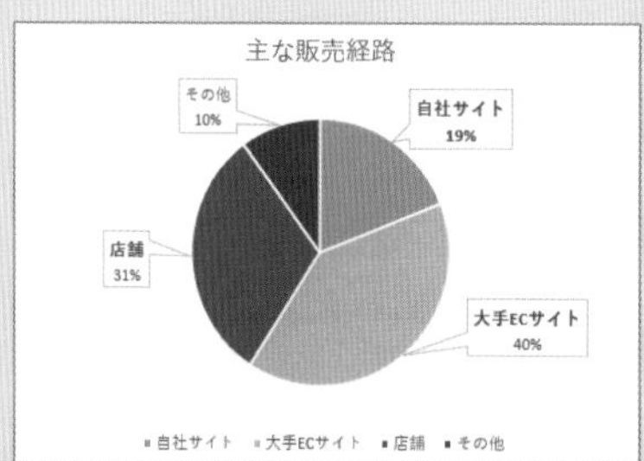

・円グラフ

全体の割合を確認する。

活用例：

・売上の内訳

・サイトのアクセス経路

03 グラフの各要素が示す内容をわかりやすく伝えたい

- [グラフ要素を追加]でグラフの付属情報の表示・非表示が可能
- 要素が多すぎるのは逆効果。必要な情報のみを吟味して表示する

作成したばかりのグラフは、縦軸や横軸が何を示しているのかわかりづらいことがあります。軸ラベルや凡例を追加してグラフをわかりやすくしましょう。

軸ラベルを追加する

縦軸の数値の内容を伝えるため、軸ラベルを追加します。グラフを選択して[グラフのデザイン]タブから[グラフ要素を追加]をクリックします。[軸ラベル]から[第1縦軸]を選択しましょう(横軸にラベルを追加したい場合は、[第1横軸])。縦軸の横にラベルが配置されたので文字列を適切なテキストに修正します。

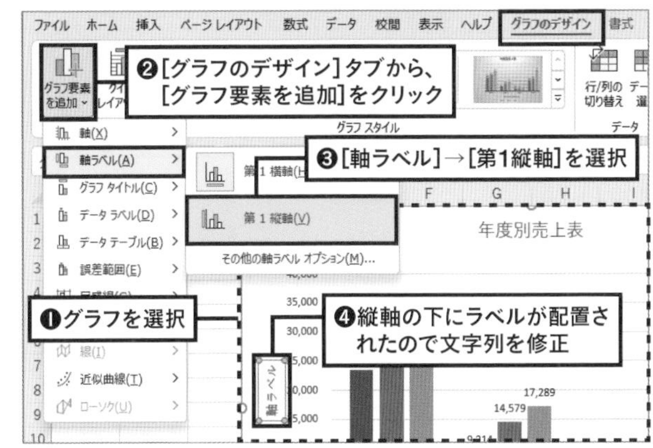

軸ラベルのテキストをカスタマイズする

縦軸ラベルは初期状態では横向きになっています。読みにくく感じる場合は、軸ラベルを選択して❶[グラフ要素を追加]の[軸ラベル]から❷[その他の軸ラベルオプション]を選びましょう。シートの右側に❸[軸ラベルの書式設定]が表示され、❹[文字のオプション]の❺[文字列の方向]で横書きや縦書きを変更できます。図では[縦書き]にしました。

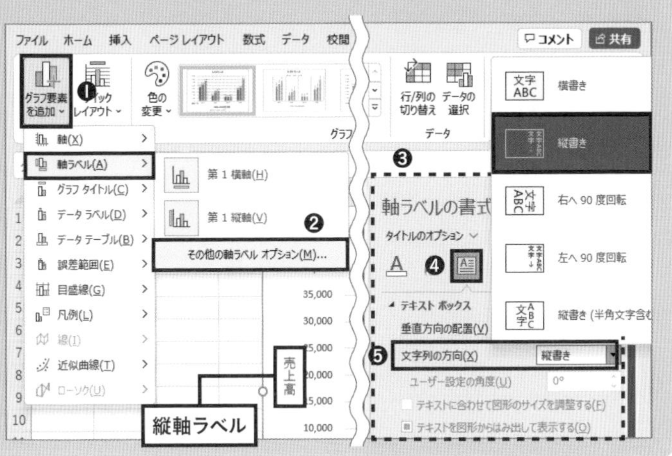

凡例は見やすい位置に移動する

凡例とは、たとえば棒グラフなら各棒が表す内容を説明したものです。グラフ作成時に選択した項目が自動的に凡例として表示されます。凡例はわかりやすい位置に移動しましょう。グラフの下に配置するのがわかりやすくてオススメです。

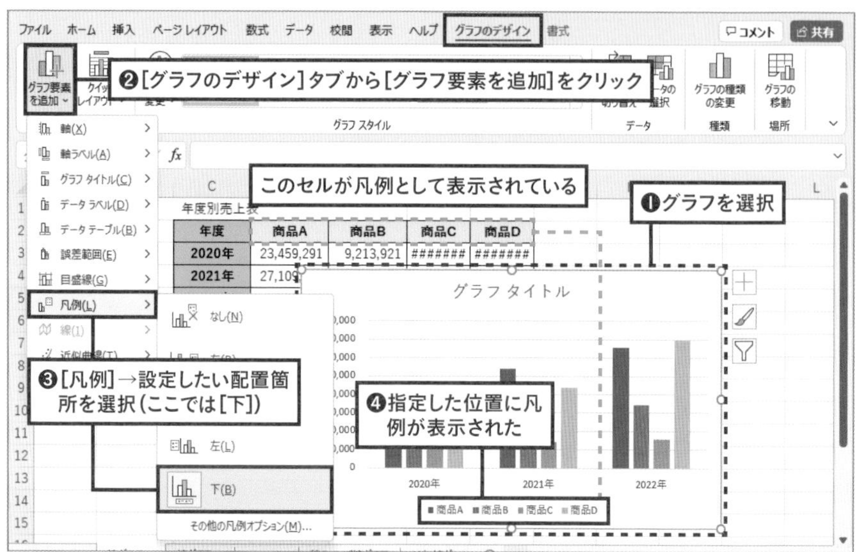

Column スッキリ見やすいグラフを作るには

グラフをわかりやすくするために凡例や軸ラベルを挿入することは大切ですが、付属する情報が多すぎると、伝わりにくいグラフになってしまいます。必要のない情報は非表示にして、見やすいグラフを作ることを目指しましょう。以下、❸のグラフ要素からは、他にも[データラベル]や[軸]の表示と非表示を簡単に切り替えることができます。

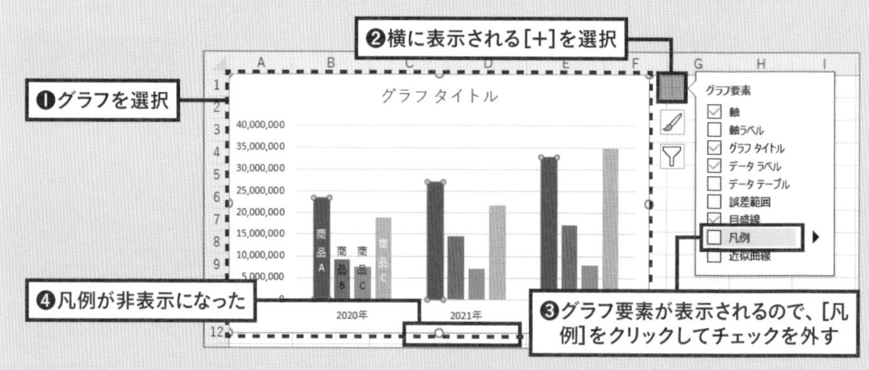

04 情報をしっかり伝えるためにグラフのスタイルを最適化する

- グラフの色やデザインは資料デザインと統一して信頼性アップ
- デザイン性より見やすいデザインを重視して選ぶ

グラフのスタイル(デザイン)を変更する

グラフの形状や色は、作成中の資料のデザインに合ったものにすると、統一感が生まれて資料としての信頼性が高まります。

ただし、あまり奇をてらう必要はありません。Excelにはいろいろなグラフのスタイルが用意されていますが、読みやすさを重視して選びましょう。

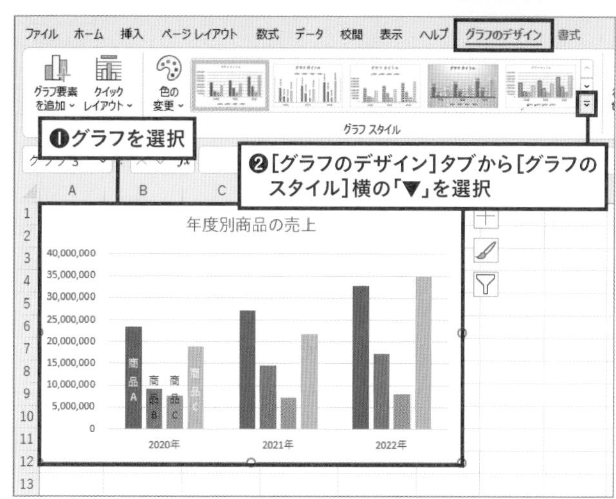

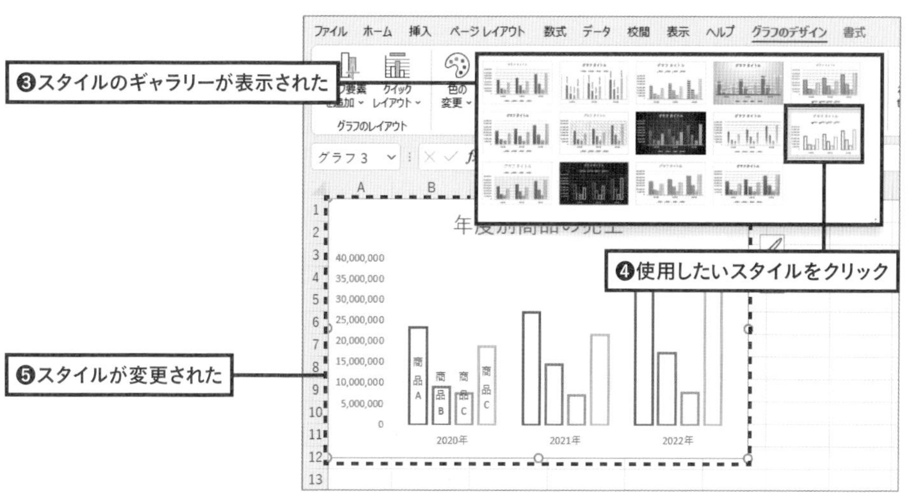

グラフのレイアウトを変更する

グラフタイトル、凡例、系列のデータラベルやデータそのものの見せ方を変えたい場合、1つ1つの要素をカスタマイズすることももちろん可能ですが、[クイックレイアウト]を使えばExcelにあらかじめ用意されたレイアウトを選んで適用することが可能です。

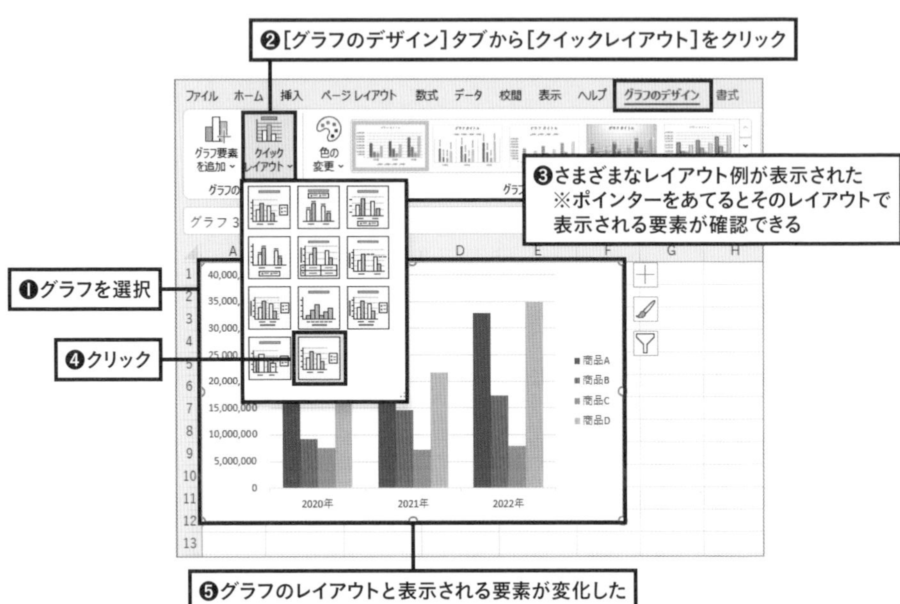

グラフ横のアイコンからスタイルをクイック選択

HINT

[グラフのスタイル]はグラフを選択すると横に表示されるペンアイコンからも表示・選択できます。

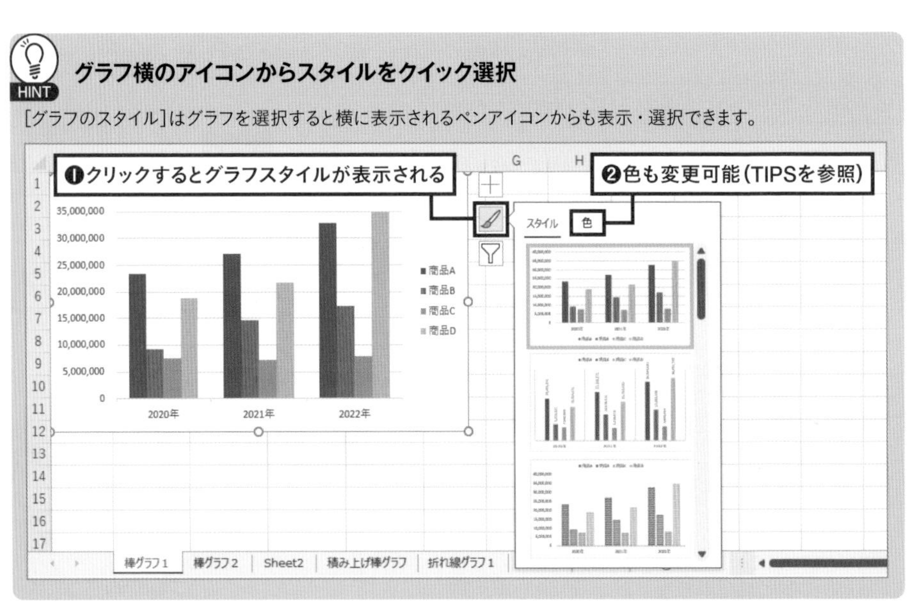

グラフの色を変更するには

グラフの色の変更方法は大きく2通りあります。1つは、[グラフスタイル]から好きな色の組み合わせを選ぶことです。143ページの本文❷の[グラフスタイル]の横にある[色の変更]をクリックするとカラーパターンのセットを選ぶことができます。資料で使用している色に合わせて選ぶとよいでしょう。

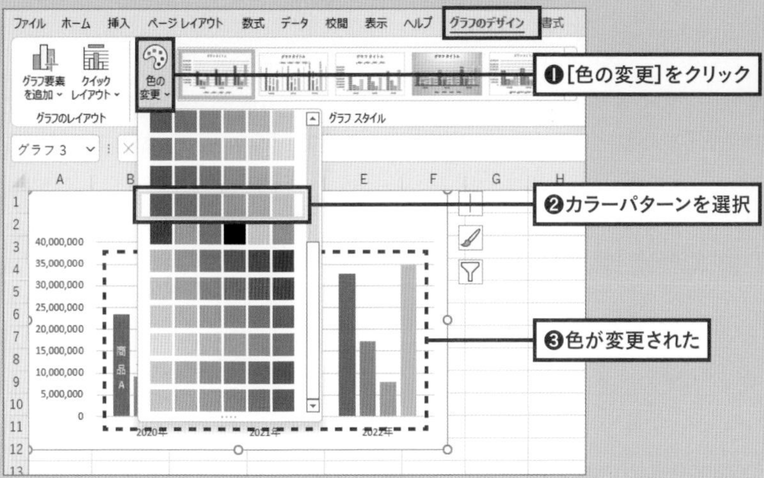
❶[色の変更]をクリック
❷カラーパターンを選択
❸色が変更された

もう1つは、グラフの要素を選択して、右クリックして[塗りつぶし]から任意の色を選択する方法です。自社商品など注目してほしい情報を目立たせるために使用するのがオススメです(特定のデータのみを選択する方法は138ページを確認)。

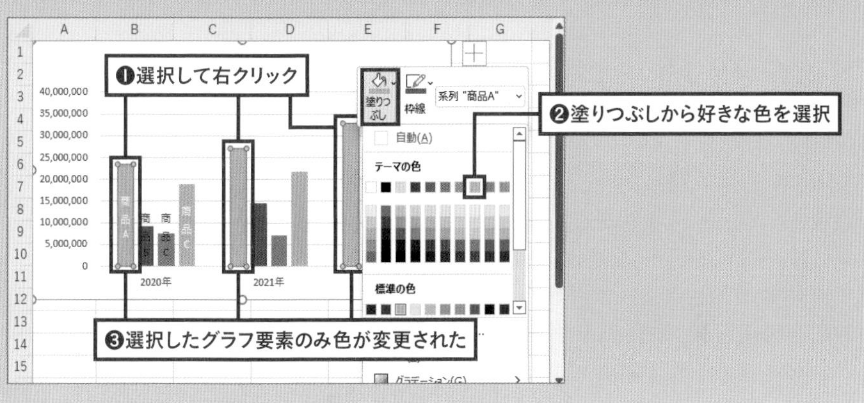
❶選択して右クリック
❷塗りつぶしから好きな色を選択
❸選択したグラフ要素のみ色が変更された

05 大きい数字は見やすさ優先！縦軸の数字の表示単位を変更しよう

Point
- グラフの数字は表示単位の変更で見やすくする
- [表示単位]は必ず表示する

グラフの縦軸のデータが「1,000,000」のように大きい数字の場合、一目では読み取りにくく、グラフの視認性を損ねてしまう場合があります。設定で「千」や「百万」単位で表示することができます。

1 [軸の書式設定]画面を表示する

縦軸の部分を選択して右クリックし、[軸の書式設定]を選択します。

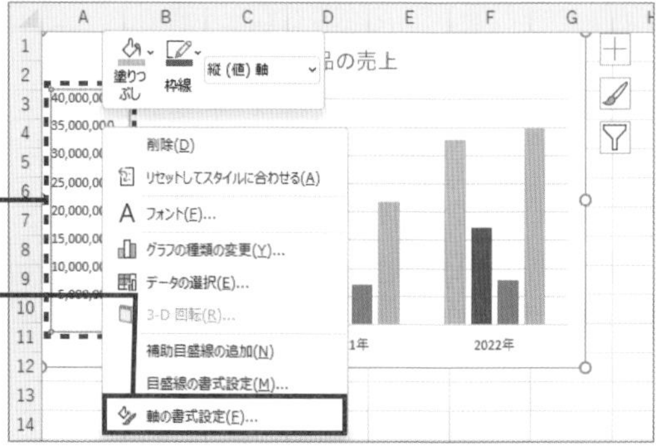

2 表示単位を選択する

[軸の書式設定]画面がシートの右横に表示されました。[軸のオプション]が選択されていることを確認し、[表示単位]のリストから[千]を選ぶと軸が千単位で表示されました。[表示単位のラベルをグラフに表示する]にチェックを入れると、軸の単位を示すラベルも表示されています。

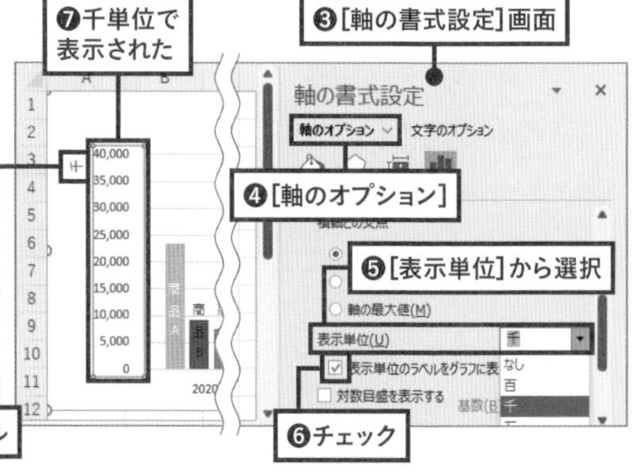

軸単位のラベルを変更する

TIPS

表示単位のラベルは、初期状態だと横向きに表示されています。141ページの要領でカスタマイズができるので、ひと手間かけて読みやすさを心がけましょう。

06 グラフを作成したあとにデータの対象範囲を変えたい！

●[グラフフィルター]でデータの表示・非表示が切り替え可能
●カラーリファレンスを使ってグラフの参照範囲を変更する

一部のデータを非表示にしたい

グラフを作成したあとに参照するデータの範囲を変更することも可能です。まずは月ごとの売上本数を示しているグラフを2か月ごとの表示に変更してみましょう。

1 [グラフフィルター]を選択する

グラフを選択したら、横に表示されている[グラフフィルター]をクリックします。

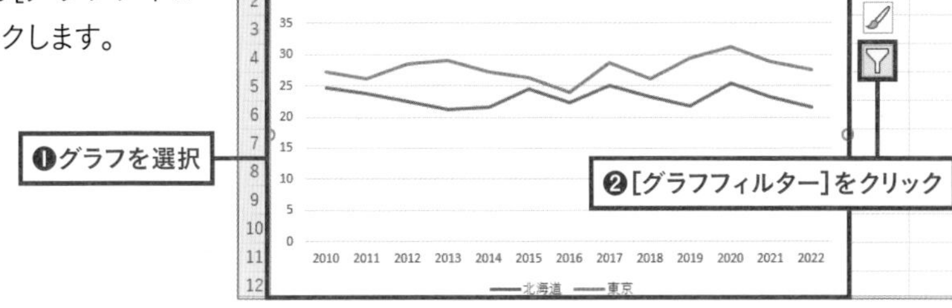

2 非表示にする項目のチェックを外す

[グラフフィルター]が表示されました。[グラフフィルター]の項目のチェックを外すと非表示になります。ここでは奇数年の2011年、2013年、2015年…のチェックを外しました。[適用]ボタンをクリックします。

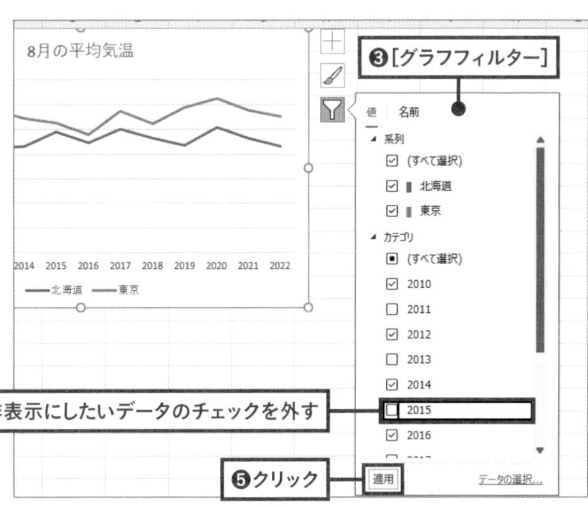

3 グラフのデータが非表示になった

チェックを外したデータが非表示になりました。

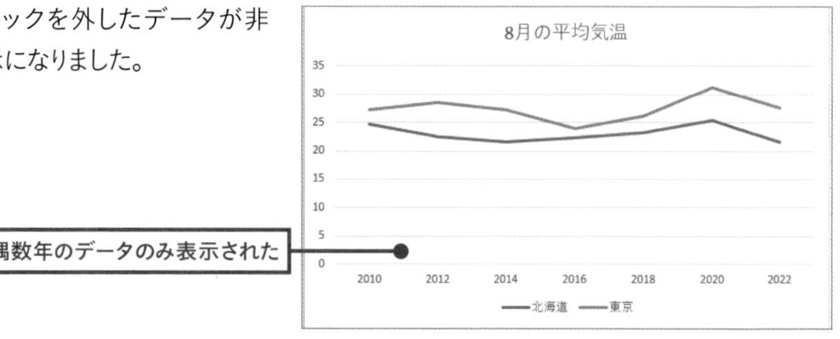

更新した表のデータもグラフに反映したい

毎月表を更新しているのに、グラフに反映されずに困ってしまったという経験はありませんか。そんなときは、105ページで紹介したカラーリファレンスを使ってグラフが参照するデータ範囲を変更しましょう。

1 カラーリファレンスを表示する

カラーリファレンスを表示するためには、グラフエリアを選択します。凡例などを選択しても表示されないので注意しましょう。表を確認すると、カラーリファレンスが表示されています。

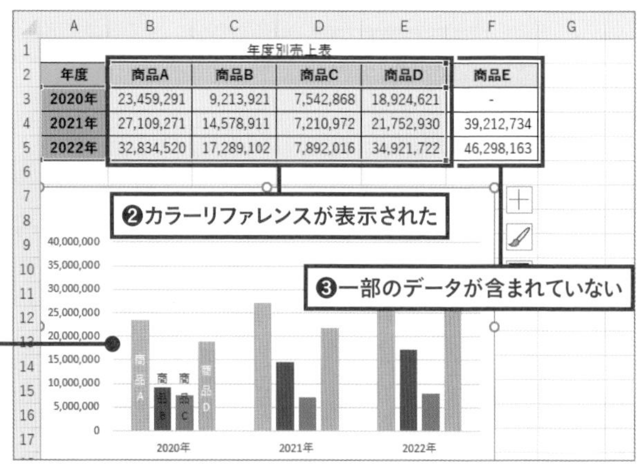

年度別売上表

年度	商品A	商品B	商品C	商品D	商品E
2020年	23,459,291	9,213,921	7,542,868	18,924,621	-
2021年	27,109,271	14,578,911	7,210,972	21,752,930	39,212,734
2022年	32,834,520	17,289,102	7,892,016	34,921,722	46,298,163

2 カラーリファレンスの範囲を変更する

カラーリファレンスの四隅にポインターを合わせて「⤢」の形になったら、ドラッグしてカラーリファレンスのセル範囲を変更します。
2022年のデータがグラフに追加されました。147ページでフィルターを使ってデータを非表示にする方法を紹介しましたが、カラーリファレンスでも同様にグラフのデータを非表示にすることができます。

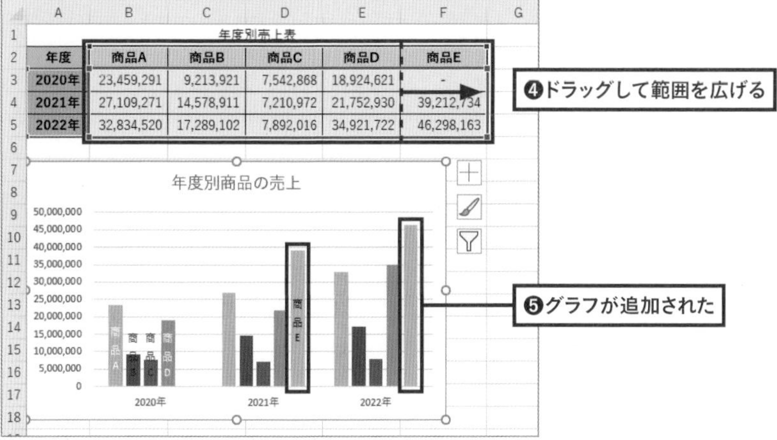

より簡単にグラフのデータを追加する時短ワザ

グラフの作成後、会議の直前にデータを追加してほしいといわれてしまった……そんなときは、表の数値データをコピーしてグラフの上で貼り付けるだけで、一瞬でグラフにデータを反映できます。❶追加したいデータのセルを選択して「Ctrl」+「C」でコピーしたら、❷グラフの上で「Ctrl」+「V」を押して貼り付けます。

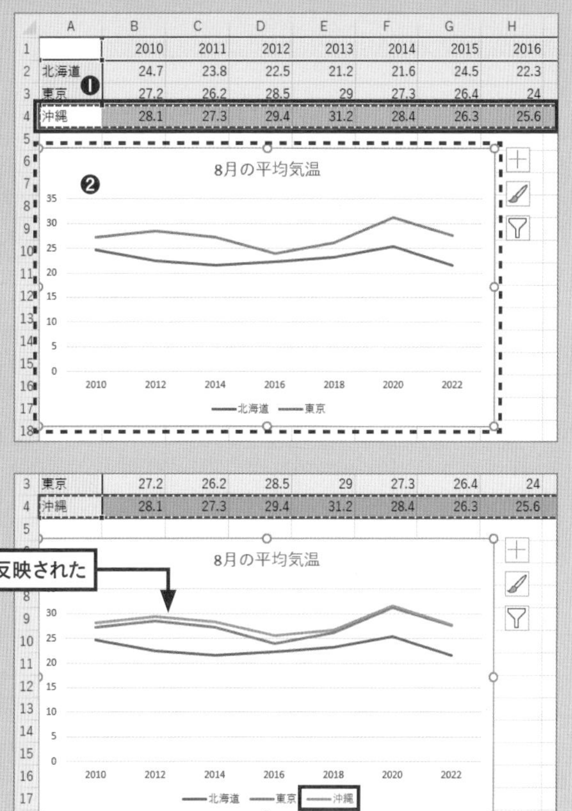

07 数値データが欠けている際に折れ線グラフをつなぐには?

- データに空白期間がある場合、折れ線グラフは途切れて表示される
- [非表示および空白のセル]から空白部分のグラフの見せ方を設定できる

数値データによっては集計ができずに空白になってしまっている場合があります。そのようなデータで折れ線グラフを作成すると、空白期間のグラフは途切れて表示されてしまい見栄えがよくありません。折れ線グラフをつなぐ方法を解説します。

1 [データソースの選択]ダイアログを表示する

「F2〜G2」セルが集計できず空白になっているため、折れ線グラフが途切れてしまいました。途切れてしまったグラフをつなぐには、グラフを選択し、[グラフのデザイン]タブから[データの選択]をクリックして[データソースの選択]ダイアログを表示します。[非表示および空白のセル]ボタンをクリックしましょう。

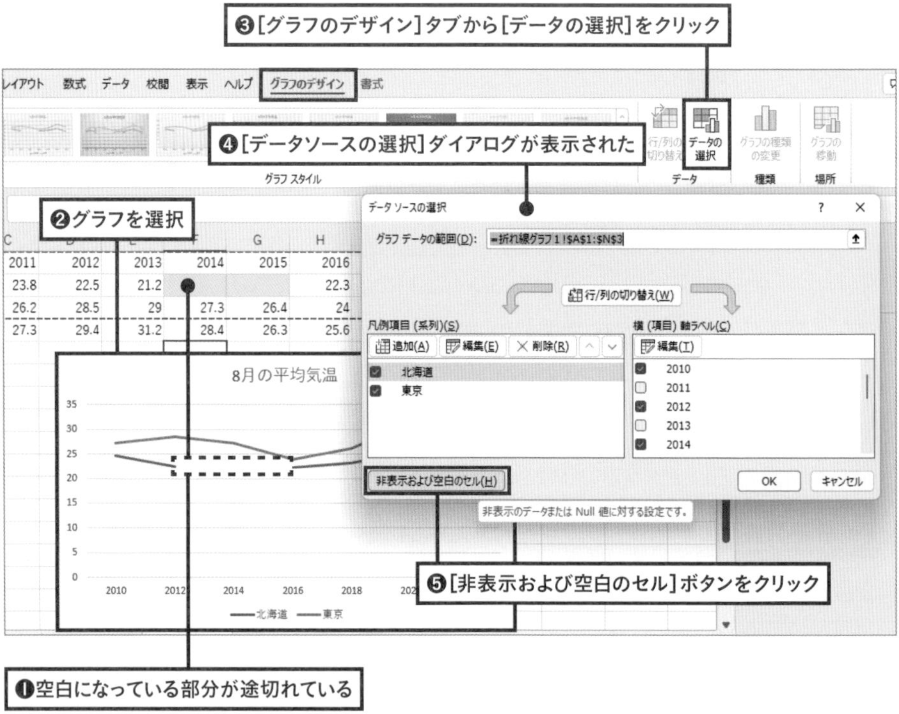

❸[グラフのデザイン]タブから[データの選択]をクリック

❹[データソースの選択]ダイアログが表示された

❷グラフを選択

❺[非表示および空白のセル]ボタンをクリック

❶空白になっている部分が途切れている

2 [データ要素を線で結ぶ]を選択する

[非表示および空白のセルの設定]ダイアログで[データ要素を線で結ぶ]を選択し、[OK]ボタンをクリックします。
再度[データソースの選択]ダイアログが表示されるので[OK]ボタンをクリックしましょう。
グラフを確認すると空白部分がつながって表示されました。

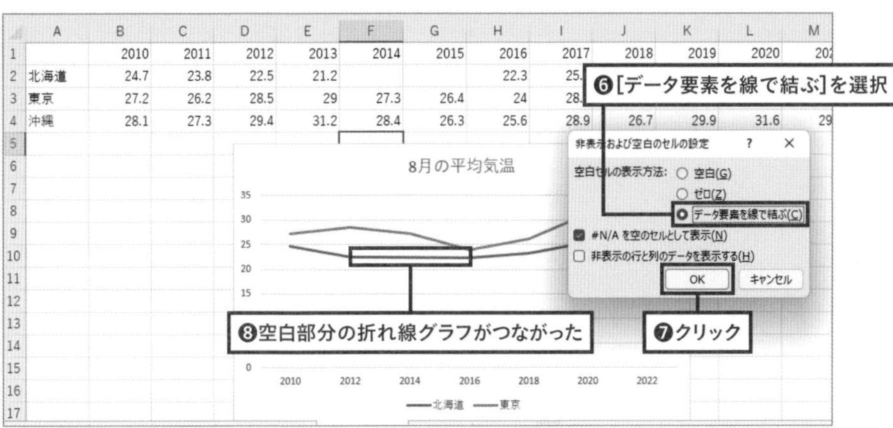

Column 棒グラフ作成時に必見！ 目盛りの間隔を調整する

棒グラフを作る際、グラフの縦軸の最大値は選択した表の数値にともない、自動的に設定されてしまいます。このとき、最大値が大きく設定されてしまうと、グラフの上部に余分な空白が表示されてしまい、肝心のグラフが目立ちにくくなってしまいます。そのようなときは、グラフの最大値を変更することで、見やすい棒グラフを作ることができます。

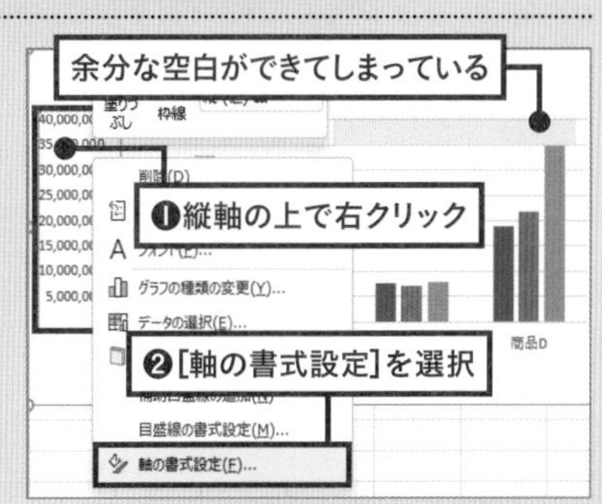

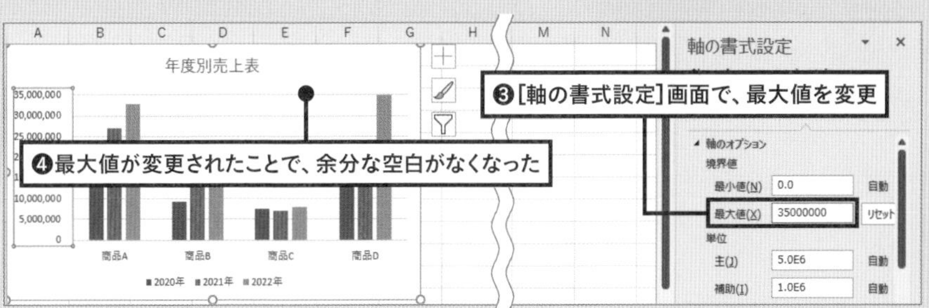

グラフの書式はテンプレートにして使い回す

資料用に見やすくカスタマイズしたグラフの書式は、次回以降も使用できるようにテンプレートとして保存しておきましょう。スムーズに資料作成できるようになります。❶グラフを右クリックして❷[テンプレートとして保存]を選択し、ファイル名を入れて[OK]ボタンをクリックすると保存できます。

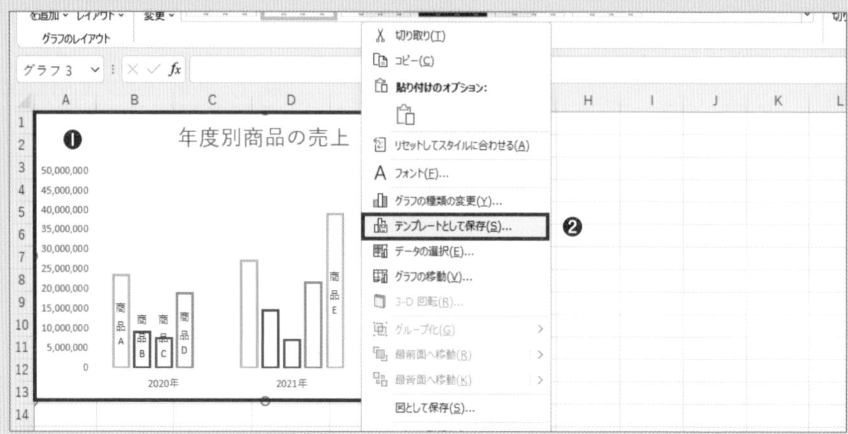

保存したテンプレートを使用するには、❶グラフを作成するためのデータを選択して❷[挿入]タブの[グラフ]グループの[ダイアログボックス起動ツール]をクリックします。❸[すべてのグラフ]タブを選択して、❹[テンプレート]を選択すると保存したテンプレートが表示されます。❺使用したいテンプレートを選択して、[OK]ボタンをクリックしましょう。テンプレートの書式でグラフが作成されます。

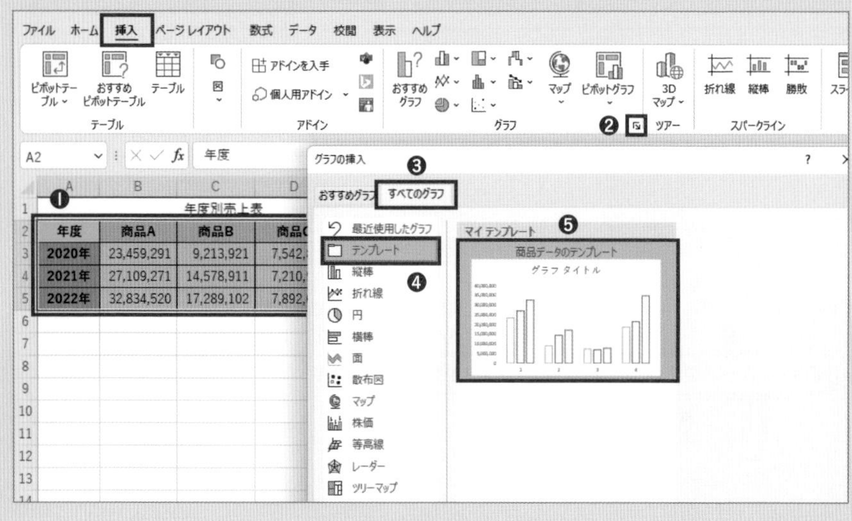

Chapter8

ビジネス現場で試してみたい上級ワザ

ビジネスの現場では、思いがけないところでさまざまなExcelテクニックを求められます。そうした場面に対処できるよう、ここでは覚えておきたい便利機能を紹介。特に「条件付き書式」はデータの重複、上位70%の値など条件に合ったセルを素早く探し出せます。

01 クイックアクセスツールバーによく使う機能を追加しておく

- Excel 2021ではクイックアクセスツールバーは非表示になっている
- よく機能をまとめておくと業務効率アップ

Excel 2019より下のバージョンを使用している場合、特に何も設定しなくてもExcelの画面左上に「クイックアクセスツールバー」が表示されています。操作のコマンドに素早くアクセスできる優れものです。Excel 2021でも表示できますので、よく使う機能はここに追加しておきましょう。

1 クイックアクセスツールバーを表示してカスタマイズ画面を開く

画面の左上で右クリックして[クイックアクセスツールバーを表示する]を選択します(Excel 2019以前ではすでに表示されています)。「▼」から[その他のコマンド]を選択すると、カスタマイズ画面が開きます。

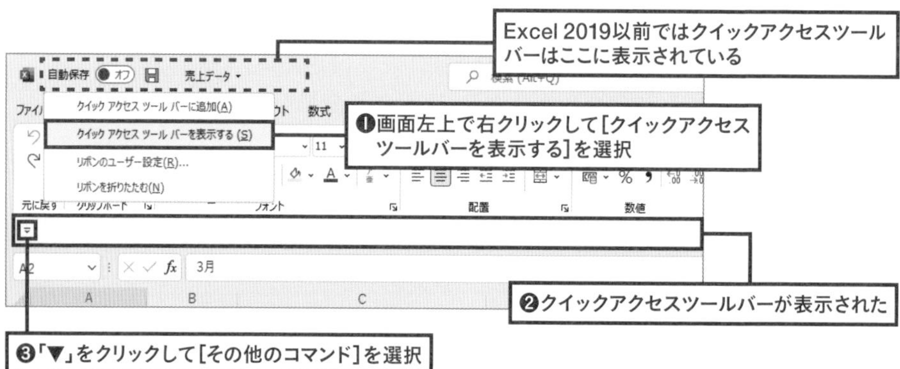

2 コマンドを追加する

追加したいコマンドを選択して[追加]ボタンをクリックします。右の一覧に追加されたのを確認して、[OK]ボタンをクリックしましょう。

クイックアクセスツールバーの順番を変更するには

右の一覧のコマンドを選択し、横にある「▲」「▼」をクリックすることで、クイックアクセスツールバーの順番を入れ替えることができます。

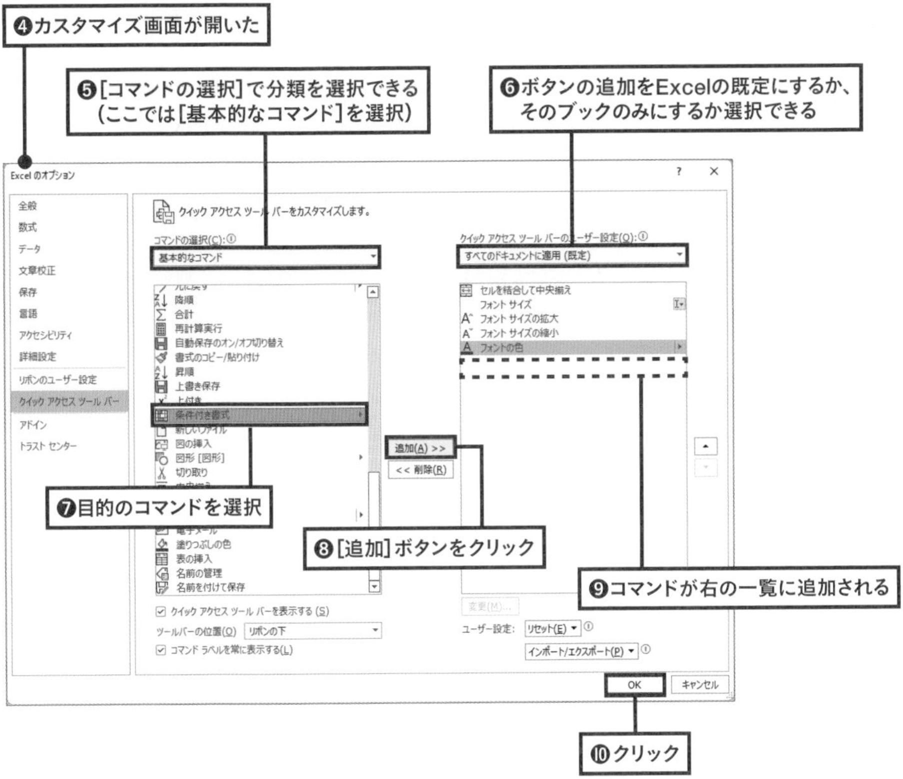

❹カスタマイズ画面が開いた
❺[コマンドの選択]で分類を選択できる（ここでは[基本的なコマンド]を選択）
❻ボタンの追加をExcelの既定にするか、そのブックのみにするか選択できる
❼目的のコマンドを選択
❽[追加]ボタンをクリック
❾コマンドが右の一覧に追加される
❿クリック

3 コマンドが追加された

クイックアクセスツールバーを確認すると、で選択したコマンドが追加されていました。

⓫❼で追加したコマンドのボタンがクイックアクセスツールバーに表示された
⓬削除するには、コマンドにカーソルをあてて右クリック→[クイックアクセスツールバーから削除]を選択

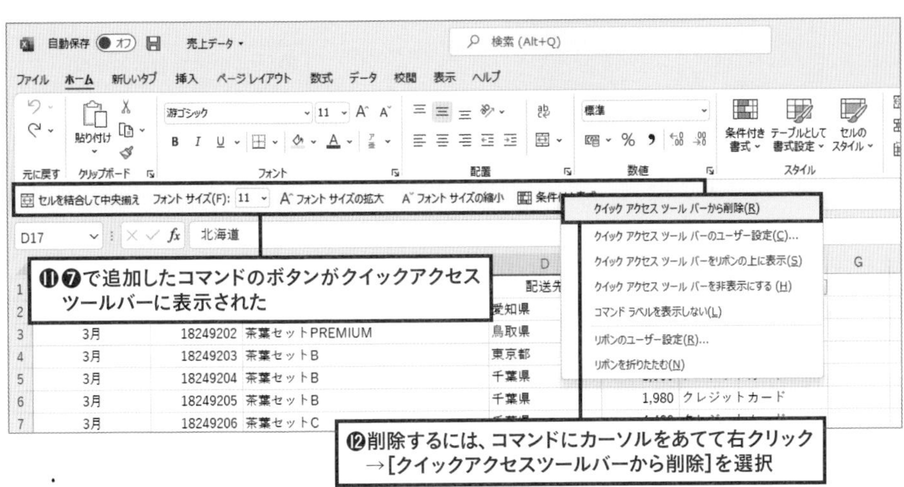

02 指定した条件に合ったセルに自動で書式を設定したい！

●条件付き書式は複数設定が可能
●解除の方法もセットで覚えておく

条件付き書式を設定する

たとえば一定の売上に達成した数字を目立たせたいことはないでしょうか。Excelには条件に合ったセルに自動で書式を設定する[条件付き書式]という機能があります。ここでは数値が「3000」より大きいセルの色を黄色にしてみましょう。

1 条件付き書式を選択する

条件付き書式を設定するセル範囲を選択したら、[ホーム]タブの[条件付き書式]をクリックします。「3000」より大きいセルに色を付けたいので、ここでは[セルの強調表示ルール]にカーソルをあて[指定の値より大きい]を選択しました。

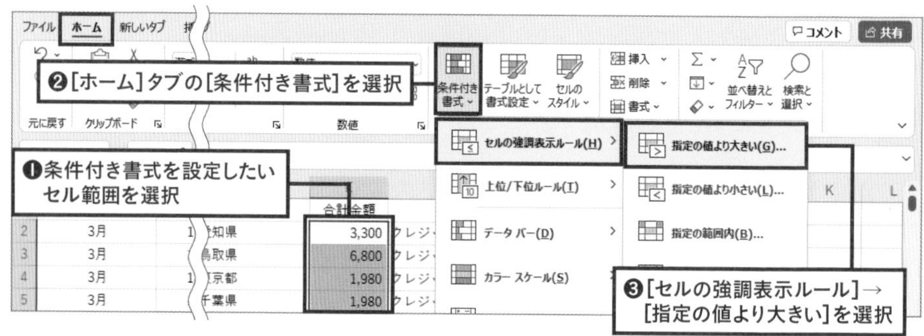

❷[ホーム]タブの[条件付き書式]を選択
❶条件付き書式を設定したいセル範囲を選択
❸[セルの強調表示ルール]→[指定の値より大きい]を選択

2 条件を設定する

条件となる数値を入力し、書式を選択します。リストから基本の書式を選択することもできますが、ここでは黄色に設定したいので[ユーザー設定の書式]を選択します。

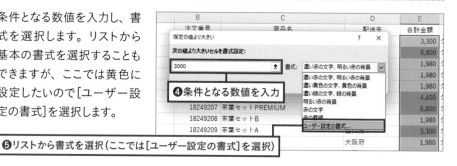

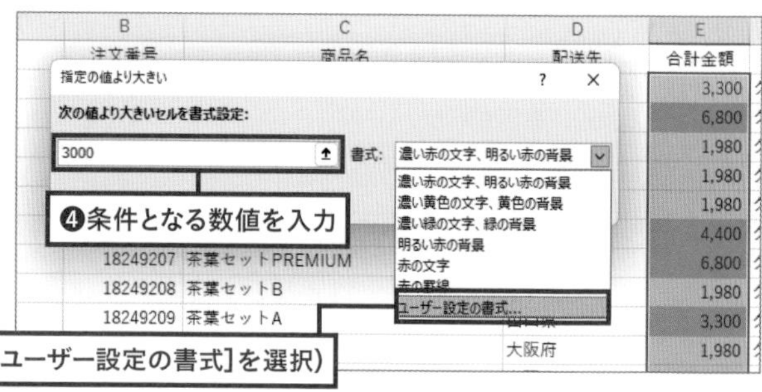

❹条件となる数値を入力
❺リストから書式を選択（ここでは[ユーザー設定の書式]を選択）

3 条件に合うセルが黄色で着色された

[セルの書式設定] 画面が表示されるので、[塗りつぶし] タブを選択して色を選びます。[OK] ボタンをクリックして閉じると、「3000」より大きいデータのセルが黄色で塗りつぶしされました。

色以外も設定できる

セルの塗りつぶし以外にも、[フォント] タブや[罫線] タブなどでフォントや罫線、フォントの色などを設定することもできます。

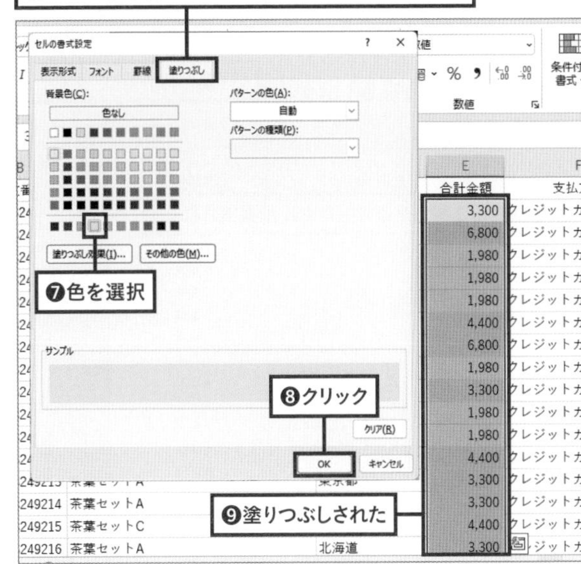

条件付き書式を解除する

このようにセルの範囲を指定して書式の条件を設定するのは比較的簡単に行えますが、解除する方法がわからず困ってしまった…という方もいるのではないでしょうか。条件付き書式の解除についてもしっかりおさえておきましょう。

1 条件付き書式を選択する

[ホーム] タブから [検索と選択] を選択して [条件付き書式] をクリックします。

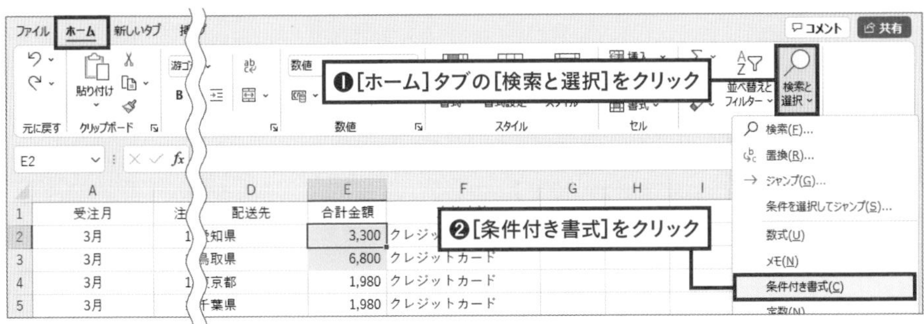

2 [ルールの管理] ボタンを選択する

すると、条件付き書式を設定したセルが選択されます。[ホーム] タブの [条件付き書式] から [ルールの管理] ボタンを選択しましょう。

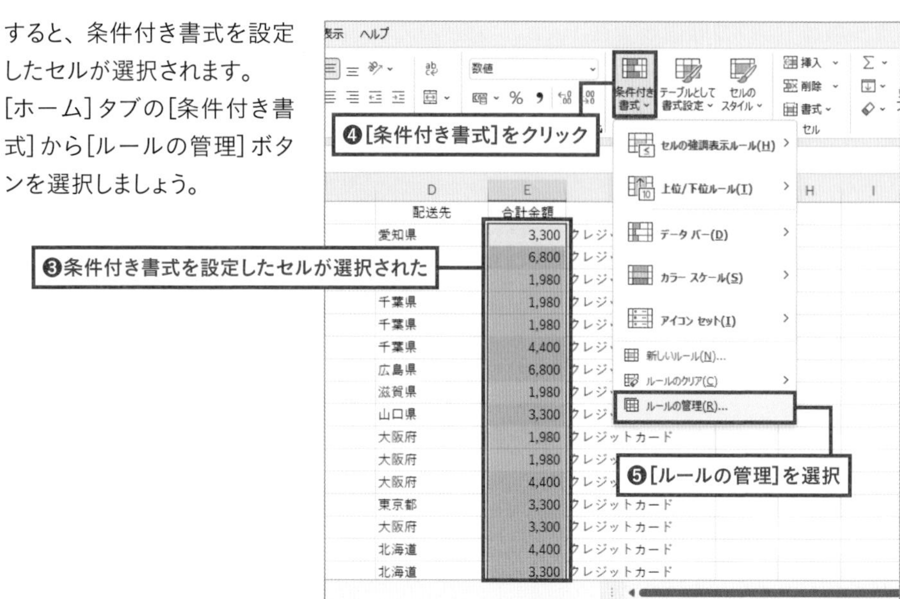

❹[条件付き書式]をクリック
❸条件付き書式を設定したセルが選択された
❺[ルールの管理]を選択

3 [ルールの削除] を選択する

[条件付き書式ルールの管理] 画面が表示されるので、削除したい条件を選択して、[ルールの削除] ボタンをクリックし、[OK] ボタンを選択します。これで条件付き書式が削除されました。

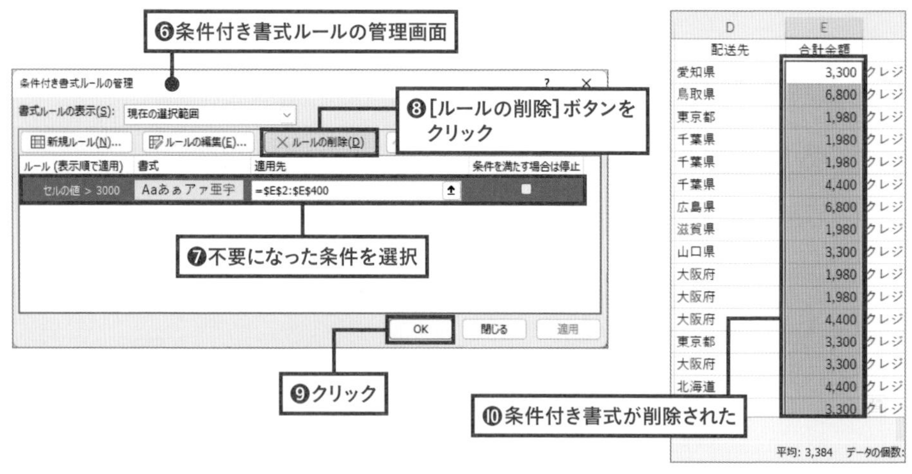

❻条件付き書式ルールの管理画面
❽[ルールの削除]ボタンをクリック
❼不要になった条件を選択
❾クリック
❿条件付き書式が削除された

03 条件付き書式で指定範囲内の数字を目立たせる

- さまざまな条件付き書式をマスターする
- 指定した範囲内の数値を目立たせる

条件付き書式はさまざまな条件を指定できます。これを使いこなせば、表の集計や分析がより楽に行えるようになるでしょう。ここでは各月の平均気温をまとめた表で、15〜20度の範囲にある気温を強調してみます。

1 条件付き書式にて[指定の範囲内]を選択する

156ページと同様の手順で、設定したいセルの範囲を選択し、[ホーム]タブの[条件付き書式]から[セルの強調表示ルール]にカーソルをあてて[指定の範囲内]を選択します。

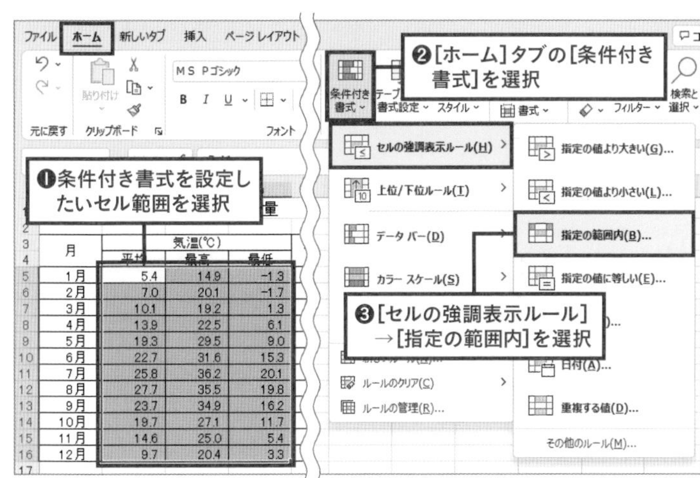

2 条件を設定する

[指定の範囲内]のダイアログが表示されました。上限と下限の数値条件を入力して、書式を選択します。ここでは、リストにある[濃い緑の文字、緑の背景]を選択しましたが、157ページと同様に任意の書式を設定することも可能です。[OK]ボタンをクリックすると、指定した範囲内の数字のセルに書式が設定されました。

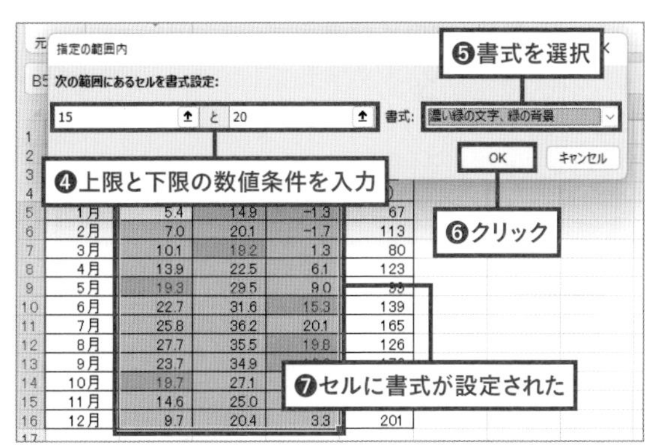

04 条件付き書式は文字列にも有効 特定のセルを強調表示する

- 条件付き書式で文字列を設定する方法をマスターする
- データが統一されていないと正しく書式が設定されないので注意

条件付き書式は数字だけでなく文字列にも使えます。方法はこれまでの設定方法と大きく変わらないので、特に難しい手順ではありません。ここでは商品売上をまとめた表で「セットA」が含まれるセルに書式を設定します。

1 条件付き書式にて[文字列]を選択する

設定したいセルの範囲を選択し、[ホーム]タブの[条件付き書式]から[セルの強調表示ルール]にカーソルをあてて[文字列]を選択します。

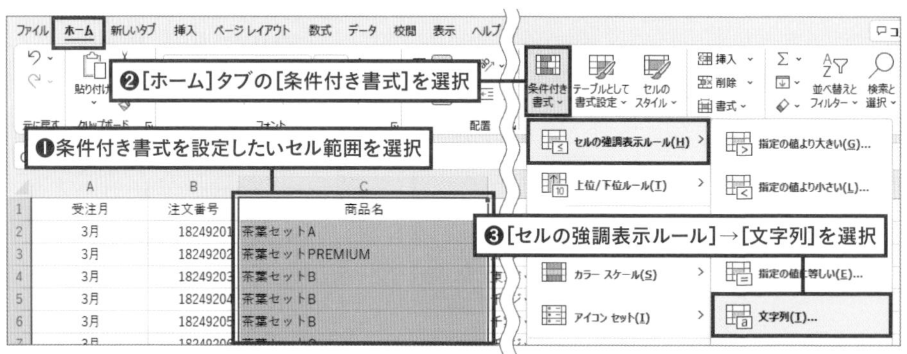

2 条件を設定する

[文字列]のダイアログが表示されました。条件となる文字列を入力して、書式を選択します。ここではリストにある[濃い赤の文字、明るい赤の背景]を選択しましたが、157ページと同様に任意の書式を設定することも可能です。[OK]ボタンをクリックすると、指定の文字列を含むセルに書式が設定されました。

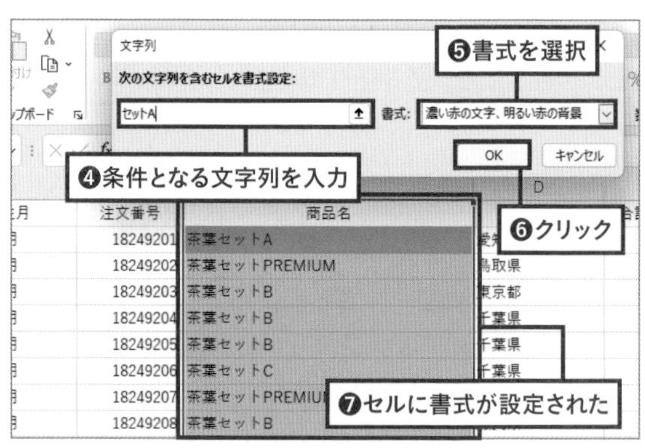

05 条件付き書式で重複データをスピーディに発見！

●重複しているデータを見つけるのに便利
●データ別に色を変更することはできない

表の中から重複したデータを見つけ出す作業は、目視で行うと非常に大変です。条件付き書式を利用すれば重複データを一気に目立たせてくれるので、かなりの時間が節約できます。

1 条件付き書式にて[重複する値]を選択する

設定したいセルの範囲を選択し、[ホーム]タブの[条件付き書式]から[セルの強調表示ルール]にカーソルをあてて[重複する値]を選択します。

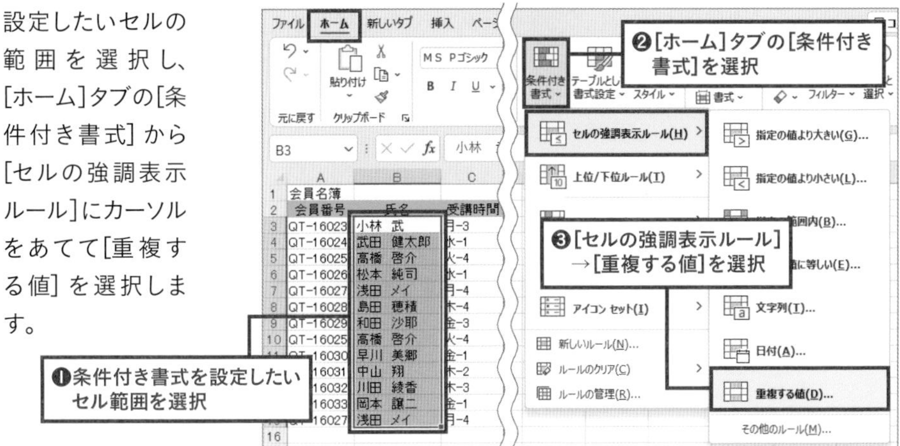

2 条件を設定する

[重複する値]のダイアログが表示されました。[重複]を選択して書式を選択します。ここではリストにある[濃い黄色の文字、黄色の背景]を選択しましたが、157ページと同様に任意の書式を設定することも可能です。[OK]ボタンをクリックすると、指定の文字列を含むセルに書式が設定されました。

06 複雑な条件設定もおまかせ！上位70%に入る数値はどれ？

- 任意の%を指定してデータを探し出せる
- 同様の手順で[下位○%]のデータも簡単に見つかる

条件付き書式では[上位/下位ルール]メニューを使って、上位○%に入るセルを指定して目立たせることもできます。たとえば販売高が上位70%の数字も簡単に強調できるので、あらゆる表で活躍すること間違いなしの機能です。

1 条件付き書式にて[上位10%]を選択する

設定したいセルの範囲を選択し、[ホーム]タブの[条件付き書式]から[上位/下位ルール]にカーソルをあてて[上位10%]を選択します。

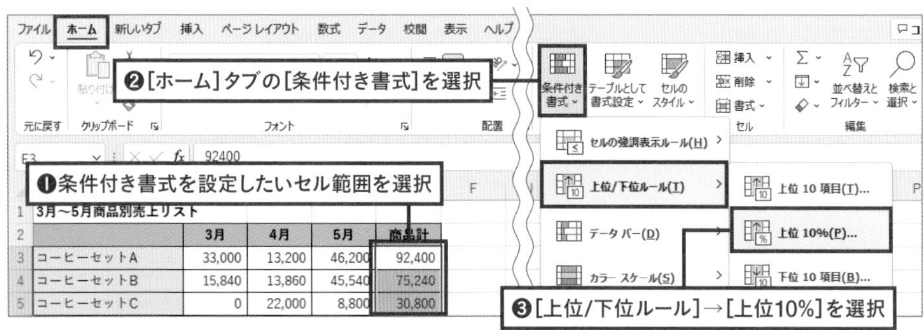

2 条件を設定する

[上位10%]のダイアログが表示されました。指定したいパーセンテージ(ここでは70%)を入力して、書式を選択します。ここではリストにある[濃い赤の文字、明るい赤の背景]を選択しました。[OK]ボタンをクリックすると、上位70%のセルに書式が設定されました。

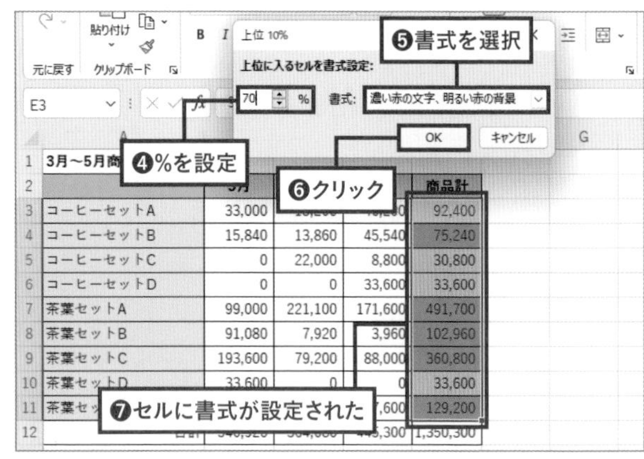

07 データを大きい順や五十音順に並べ替えて整理したい！

- 数字の昇順は小さい順、降順は大きい順に並べ替えられる
- アルファベットの昇順は「ABC…」、降順は「…CBA」で並べ替えられる

入力データは数字の大きい順や、文字列の五十音順（アルファベット順）に並べ替えられます。降順（3→2→1……）と昇順（1→2→3……）も切り替えられるので、データを整理するのにぜひ使いこなしたい機能です。ここでは売上データを降順（大きい順）で並べ替えます。

1つの列を基準にして表を並べ替える

1 ［データ］タブの［降順］を選択する

並べ替えの基準となる列のセルを選択し、［データ］タブの［降順］をクリックします。

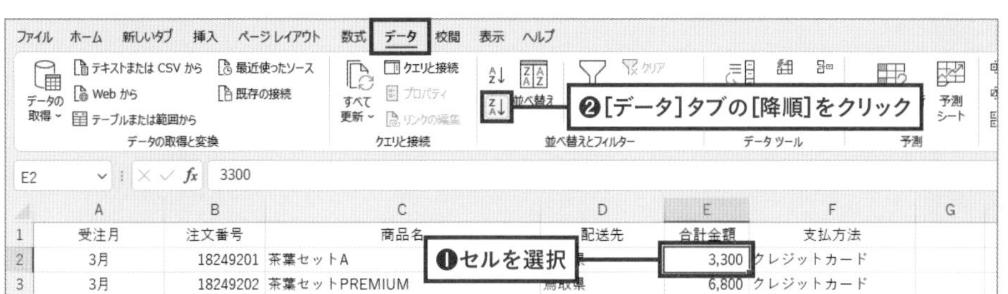

2 表が降順で並べ替えられた

表全体が基準となるデータをもとに大きい順で並べ替えられました。

❸データが並べ替えられた

	A	B	C〜D	E	F
1	受注月	注文番号	送先	合計金額	支払方法
2	3月	18249202	茶葉	6,800	クレジットカード
3	3月	18249207	茶葉	6,800	クレジットカード
4	3月	18249248	茶葉	6,800	クレジットカード
5	3月	18249306	茶葉	6,800	クレジットカード
6	3月	18249310	茶葉	6,800	クレジットカード
7	3月	18249313	茶葉	6,800	コンビニ
8	3月	18249314	茶葉	6,800	コンビニ
9	3月	18249315	茶葉	6,800	コンビニ
10	3月	18249317	茶葉 県	6,800	クレジットカード
11	3月	18249323	茶葉	6,800	クレジットカード
12	3月	18249325	茶葉	6,800	クレジットカード
13	4月	18249430	茶葉	6,800	コンビニ
14	5月	18249476	茶葉	6,800	クレジットカード
15	5月	18249480	茶葉	6,800	クレジットカード
16	5月	18249482	茶葉	6,800	クレジットカード
17	5月	18249485	茶葉	6,800	クレジットカード

商品注文リスト

アルファベットと日付も並べ替えOK

アルファベットは昇順（A→Z）、降順（Z→A）、日付は昇順（古い→新しい）、降順（新しい→古い）で並べ替えられます。

複数の条件を設定して並べ替える

複数の条件を設定して並べ替えるためには、[並べ替え]のダイアログボックスを表示して、条件を設定します。ここでは、「合計金額」を第1条件、「支払方法」を第2条件に設定して表を並べ替えてみましょう。

1 [並べ替え]をクリックする

[データ]タブから[並べ替え]をクリックして、[並べ替え]のダイアログボックスを表示します。

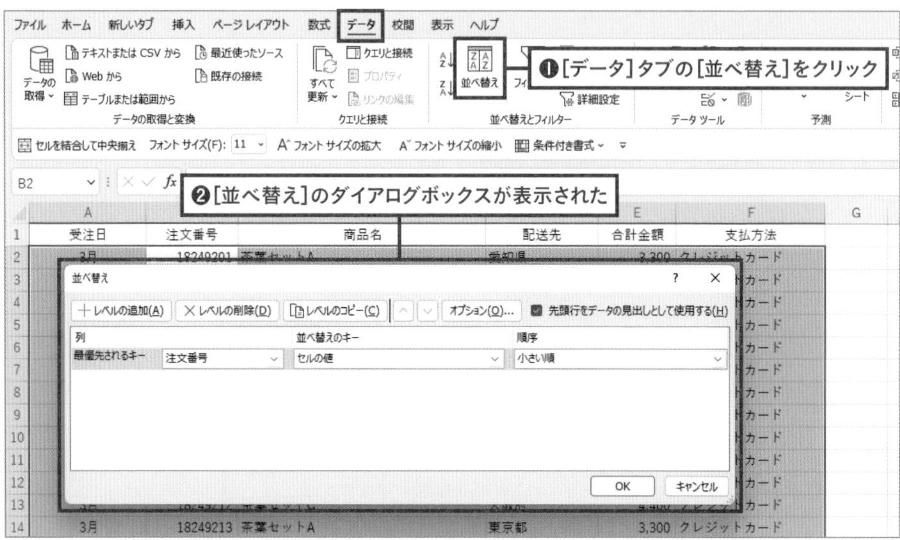

❶[データ]タブの[並べ替え]をクリック
❷[並べ替え]のダイアログボックスが表示された

2 1つ目の並べ替えの条件を設定する

[並べ替え]のダイアログボックスが表示されました。[最優先されるキー]に「合計金額」を選び、大きい順に並べ替えたいので[順序]は「大きい順」を選択します。

❸[最優先されるキー]に基準となる列を選択
❹[順序]を選択

3 2つ目の並べ替えの条件を設定する

1つ目の条件を設定したら、[レベルの追加]をクリックして2つ目の条件を設定します。[次に優先されるキー]に「支払方法」を選び、[順序]は「昇順」を選択しました。この手順で条件を複数追加できます。条件を設定したら[OK]ボタンをクリックしてダイアログを閉じます。

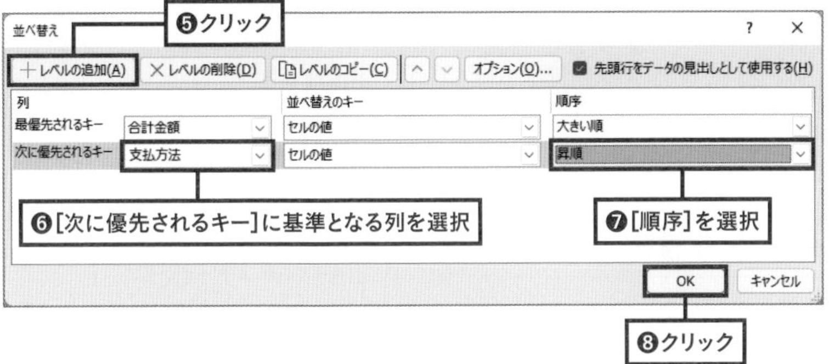

4 表が設定通りに並べ替えられた

最優先を「合計金額」、次の優先を「支払方法」として表が並べ替えられました。

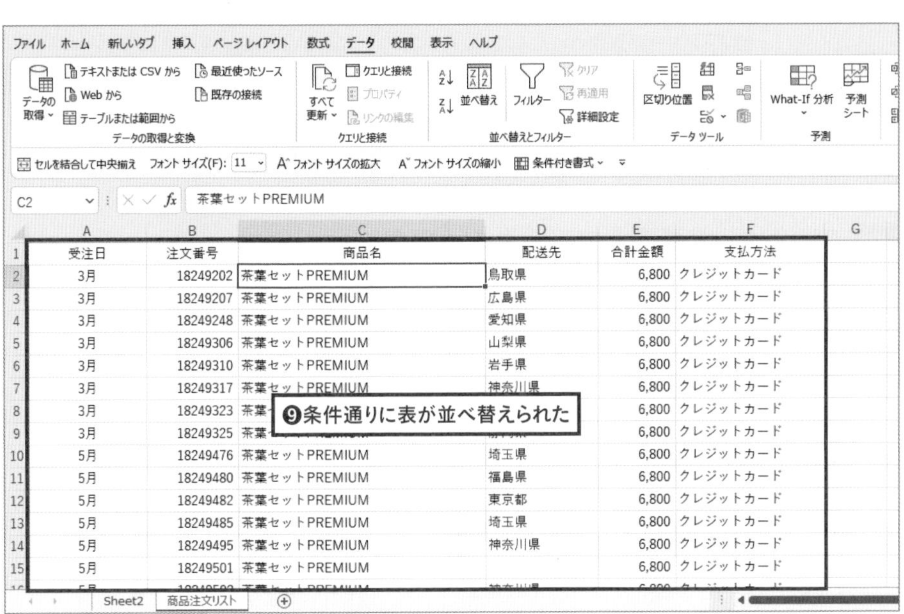

	受注日	注文番号	商品名	配送先	合計金額	支払方法
2	3月	18249202	茶葉セットPREMIUM	鳥取県	6,800	クレジットカード
3	3月	18249207	茶葉セットPREMIUM	広島県	6,800	クレジットカード
4	3月	18249248	茶葉セットPREMIUM	愛知県	6,800	クレジットカード
5	3月	18249306	茶葉セットPREMIUM	山梨県	6,800	クレジットカード
6	3月	18249310	茶葉セットPREMIUM	岩手県	6,800	クレジットカード
7	3月	18249317	茶葉セットPREMIUM	神奈川県	6,800	クレジットカード
8	3月	18249323	茶葉		6,800	クレジットカード
9	3月	18249325	茶葉		6,800	クレジットカード
10	5月	18249476	茶葉セットPREMIUM	埼玉県	6,800	クレジットカード
11	5月	18249480	茶葉セットPREMIUM	福島県	6,800	クレジットカード
12	5月	18249482	茶葉セットPREMIUM	東京都	6,800	クレジットカード
13	5月	18249485	茶葉セットPREMIUM	埼玉県	6,800	クレジットカード
14	5月	18249495	茶葉セットPREMIUM	神奈川県	6,800	クレジットカード
15	5月	18249501	茶葉セットPREMIUM		6,800	クレジットカード

08 特定の商品のデータのみ抽出して表示したい

- フィルターで抽出したデータを更に別条件で抽出することもできる
- [Ctrl]＋[Shift]＋[L]で簡単にフィルター設定が可能

データが増えるにつれ、膨大な表の中から特定のデータを探し出すのは難しくなっていきます。フィルター機能を使えば、簡単に見たいデータのみを抽出して表示することが可能です。

1 表にフィルターを設定する

[データ]タブにある[フィルター]を選択します。フィルター機能がオンになり、1行目のすべてのセルに「▼」マークが表示されました。

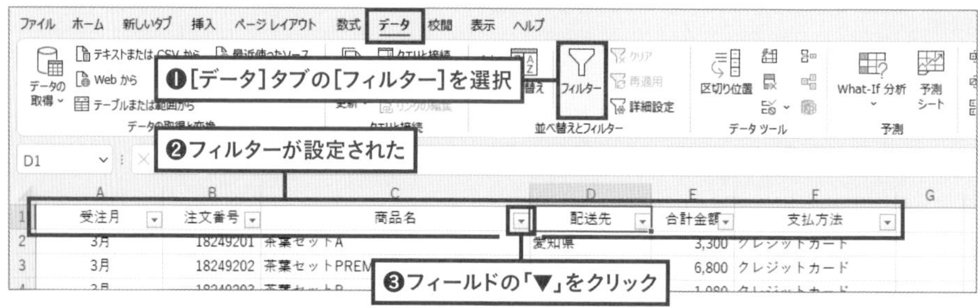

2 フィルターを指定してデータを抽出する

[商品名]のフィールドの「▼」を選択すると、すべての商品名がリストになっています。[(すべて選択)]のチェックボックスをクリックしてチェックを外し、抽出したい商品名にのみ、チェックを入れます。

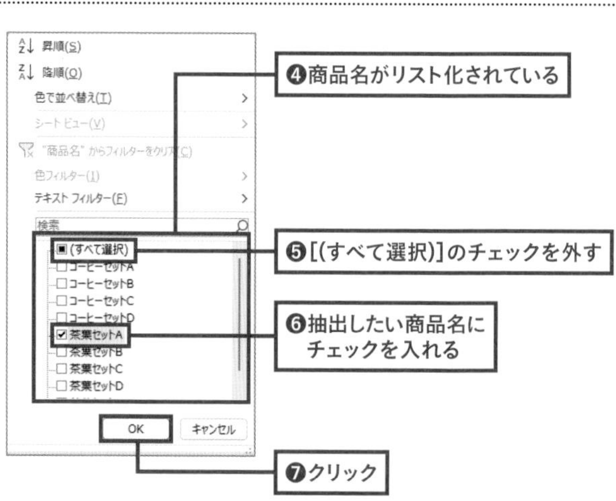

3 データが抽出された

❻でチェックを入れた商品のデータのみが抽出されました。

	A	B	C	D	E	F
1	受注月	注文番号	商品名			
2	3月	18249201	茶葉セットA	愛知県		
		8249209	茶葉セットA	山口県	3,300	クレジットカード
		8249213	茶葉セットA	東京都	3,300	クレジットカード
15	3月	18249214	茶葉セットA	大阪府	3,300	クレジットカード
17	3月	18249216	茶葉セットA	北海道	3,300	クレジットカード
18	3月	18249217	茶葉セットA	高知県	3,300	クレジットカード
21	3月	18249220	茶葉セットA	広島県	3,300	クレジットカード
28	3月	18249227	茶葉セットA	埼玉県	3,300	クレジットカード
33	3月	18249232	茶葉セットA	岐阜県	3,300	クレジットカード
35	3月	18249234	茶葉セットA	千葉県	3,300	クレジットカード
54	3月	18249253	茶葉セットA	東京都	3,300	クレジットカード
56	3月	18249255	茶葉セットA	石川県	3,300	クレジットカード
58	3月	18249257	茶葉セットA	千葉県	3,300	クレジットカード
63	3月	18249262	茶葉セットA	宮城県	3,300	クレジットカード
70	3月	18249269	茶葉セットA	北海道	3,300	クレジットカード
83	3月	18249282	茶葉セットA	愛媛県	3,300	コンビニ

❽データが抽出された

❾フィルター中はマークが変わる

色付きセルのみを抽出することもできる

セルやフォントが色分けされている場合、セルの色やフォントの色でデータを抽出することができます。156ページをはじめとする条件付き書式機能を使って色付けしたセルなどを確認したい場合に便利です。

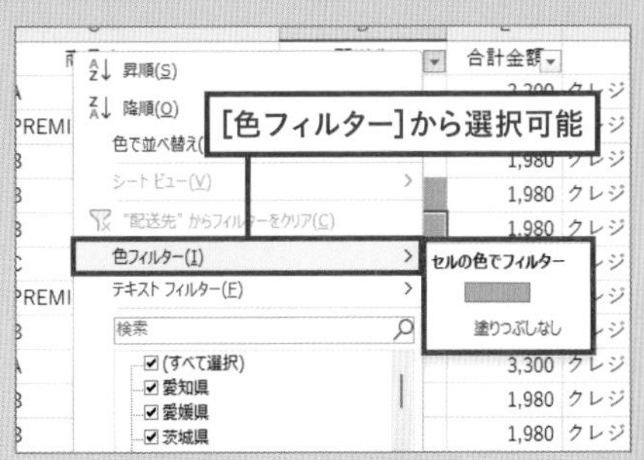

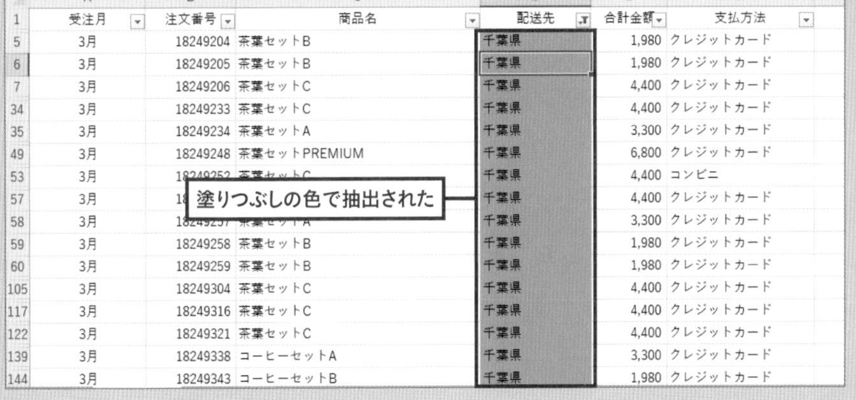

	受注月	注文番号	商品名	配送先	合計金額	支払方法
5	3月	18249204	茶葉セットB	千葉県	1,980	クレジットカード
6	3月	18249205	茶葉セットB	千葉県	1,980	クレジットカード
7	3月	18249206	茶葉セットC	千葉県	4,400	クレジットカード
34	3月	18249233	茶葉セットC	千葉県	4,400	クレジットカード
35	3月	18249234	茶葉セットA	千葉県	3,300	クレジットカード
49	3月	18249248	茶葉セットPREMIUM	千葉県	6,800	クレジットカード
53	3月	18249252	茶葉セットC	千葉県	4,400	コンビニ
57	3月	18		千葉県	4,400	クレジットカード
58	3月	18249257	茶葉セットA	千葉県	3,300	クレジットカード
59	3月	18249258	茶葉セットB	千葉県	1,980	クレジットカード
60	3月	18249259	茶葉セットB	千葉県	1,980	クレジットカード
105	3月	18249304	茶葉セットC	千葉県	4,400	クレジットカード
117	3月	18249316	茶葉セットC	千葉県	4,400	クレジットカード
122	3月	18249321	茶葉セットC	千葉県	4,400	クレジットカード
139	3月	18249338	コーヒーセットA	千葉県	3,300	クレジットカード
144	3月	18249343	コーヒーセットB	千葉県	1,980	クレジットカード

塗りつぶしの色で抽出された

09 画面をスクロールする前に表の見出し行を固定しておこう

- 先頭の行と列は固定して表示できる
- 複数の行と列を固定するときは[ウィンドウ枠の固定]を選択する

縦に長い表を下へスクロールすると、表の見出し行が隠れてしまい、データの意味がわかりにくくなってしまいます。そのような場合は見出し行が常に表示されるように設定しましょう。ここでは先頭行を見出しとして固定します。

1 [先頭行の固定]を選択する

[表示]タブの[ウィンドウ枠の固定]をクリックし、[先頭行の固定]を選択します。

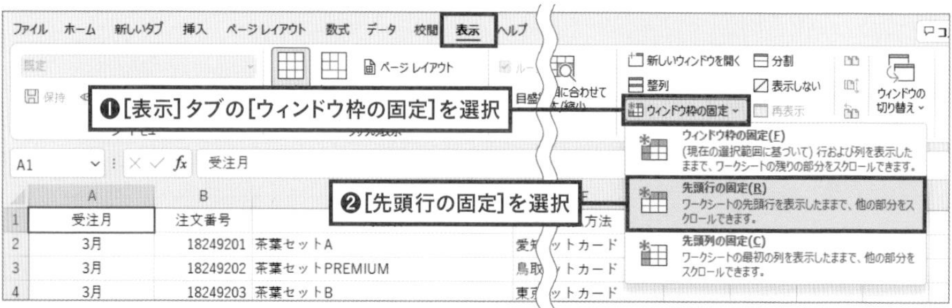

2 先頭行が固定された

先頭行が固定されました。画面を下にスクロールしても、常に先頭行が表示されています。固定を解除するためには、[ウィンドウ枠の固定]を再度選択して、[ウィンドウ枠固定の解除]をクリックします。

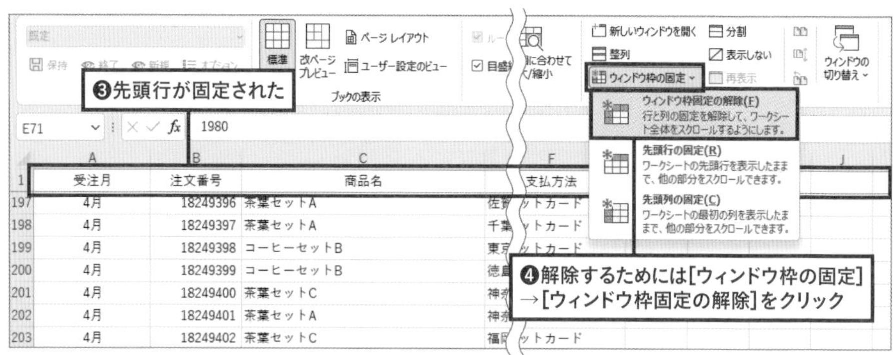

先頭の複数行を固定するためには

見出しの行などが複数列に渡る場合、❷の手順で[ウィンドウ枠の固定]を選択しますが、あらかじめ、固定したい行の1つ下の行をクリックしておく必要があります。

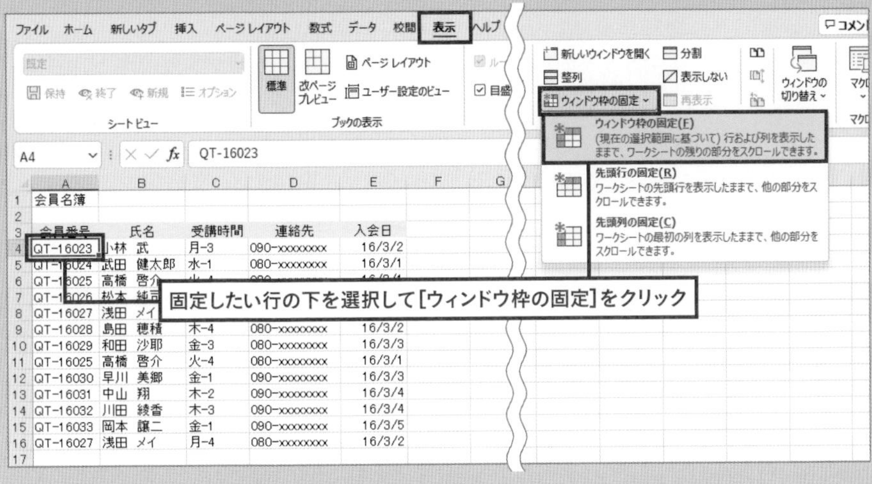
固定したい行の下を選択して[ウィンドウ枠の固定]をクリック

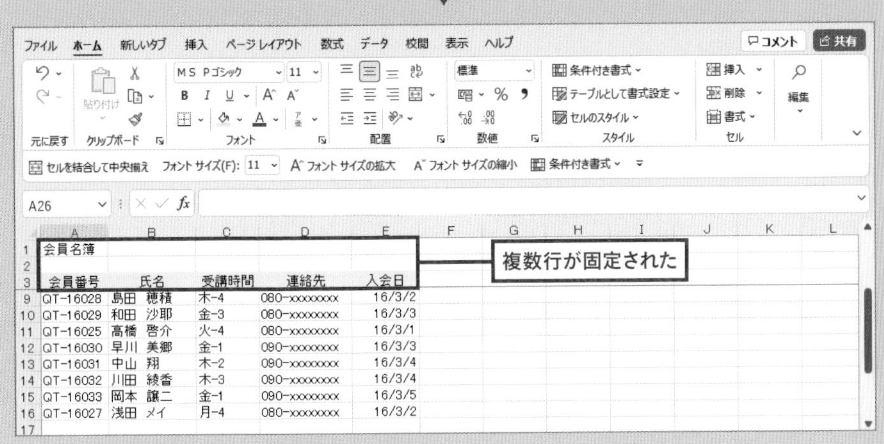
複数行が固定された

10 商品の月別の売上を手早く確認！

- ●データの集計や分析に欠かせないピボットテーブル
- ●データに空白があったり、結合セルがあるとうまく作成できないので注意

ここまで、条件付き書式やフィルターを使用して、表の中にある特定のデータを目立たせたり、抽出する方法を紹介してきました。ピボットテーブルを使えば、元の表を活用して、知りたいことをさらに簡単に、わかりやすく整理することができます。

ピボットテーブルの作成

1 ピボットテーブルを挿入する

表を活用して、ピボットテーブルを作成するには、表内のセルを選択した上で、[挿入]タブの[ピボットテーブルの挿入]をクリックします。
[テーブルまたは範囲を選択]にて、自動的に表の範囲が選択されるので、問題なければ[OK]ボタンをクリックしましょう。

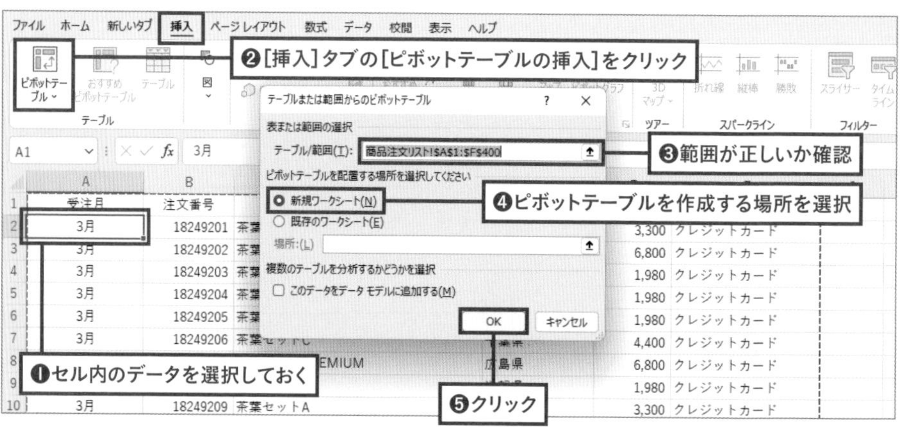

2 空のピボットテーブルが表示された

❹のピボットテーブルを作成する場所として[新規ワークシート]を選択したので、新しいシートに空のピボットテーブルが作成されました。空のピボットテーブルをクリックすると、シートの右側にフィールドが表示されます。このフィールドの項目を選択することで、ピボットテーブルが作成されます。

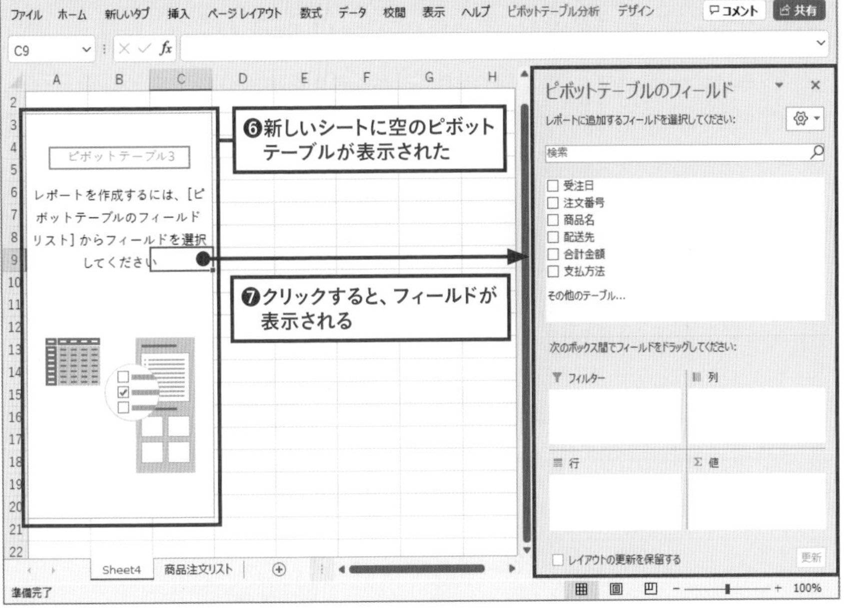

3 フィールドを選択する

月ごとの商品の売上額がわかるピボットテーブルを作成するため、「受注日」「商品名」「合計金額」にチェックを入れます。[列]に「受注日」、[行]に[商品名]、[値]に「合計 / 合計金額」をドラッグすると、ピボットテーブルがその通りに表示されました。

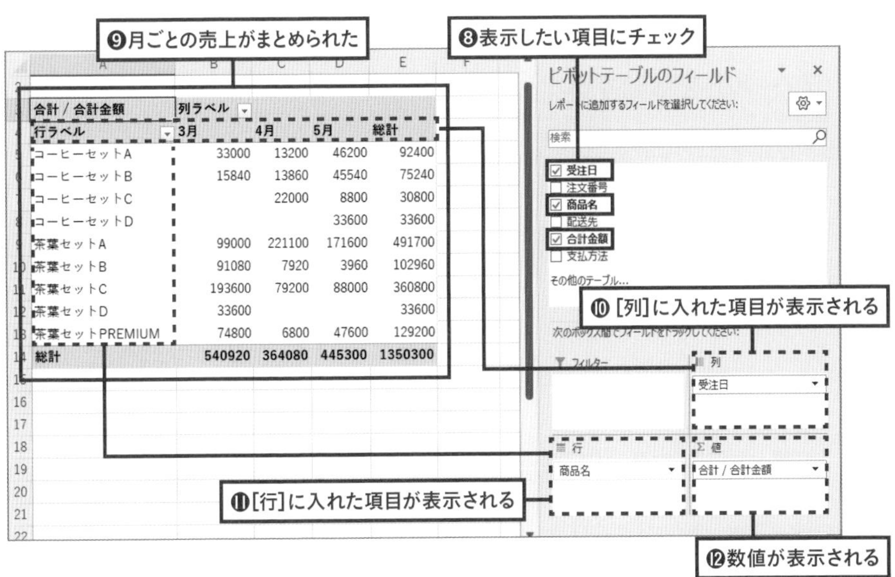

合計 / 合計金額	列ラベル			
行ラベル	3月	4月	5月	総計
コーヒーセットA	33000	13200	46200	92400
コーヒーセットB	15840	13860	45540	75240
コーヒーセットC		22000	8800	30800
コーヒーセットD			33600	33600
茶葉セットA	99000	221100	171600	491700
茶葉セットB	91080	7920	3960	102960
茶葉セットC	193600	79200	88000	360800
茶葉セットD	33600			33600
茶葉セットPREMIUM	74800	6800	47600	129200
総計	540920	364080	445300	1350300

フィールドを追加・入れ替えでピボットテーブルを編集する

170ページのピボットテーブルでは、商品の月ごとの売上をわかりやすく表示しました。行や列に入っているフィールドを入れ替えたり、新しいフィールドを追加することで、簡単に表示内容を変えることができます。ここでは、支払方法を追加してみましょう。

1 フィールドを追加する

[ピボットテーブルのフィールド]から[支払方法]をチェックします。すると[行]の[商品名]の下に[支払方法]が追加されました。

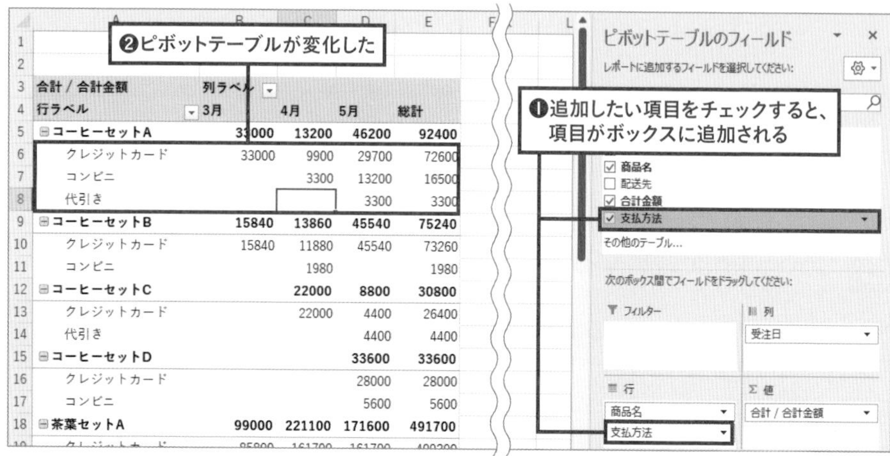

2 フィールドを移動する

1の図を確認すると、[支払先]が追加されたピボットテーブルに変化しています。この状態でもよいのですが、支払別の売上金額を横に並べるため、[支払方法]を[列]の[受注日]の下に移動しました。

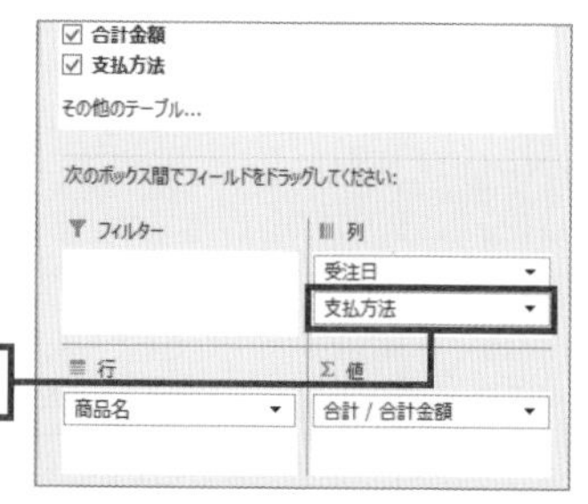

3 ピボットテーブルが完成

月ごとに並べられた商品ごとの売上が、さらに支払方法別に表示されました。このように、列や行などのフィールドを入れ替えることで、確認したいデータに適した表を作成することができます。

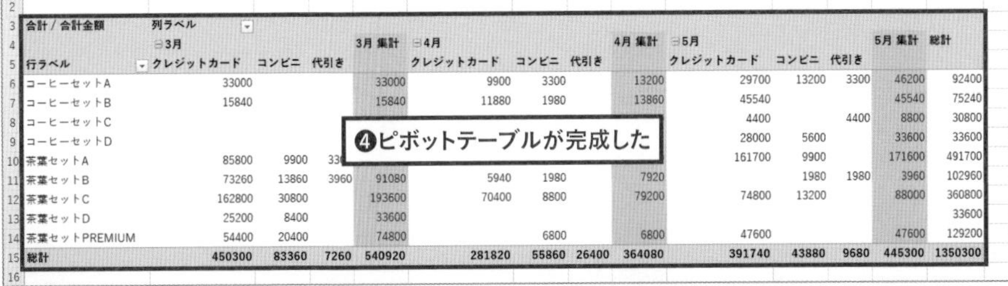

合計 / 合計金額	列ラベル												
	⊟3月			3月 集計	⊟4月			4月 集計	⊟5月			5月 集計	総計
行ラベル	クレジットカード	コンビニ	代引き		クレジットカード	コンビニ	代引き		クレジットカード	コンビニ	代引き		
コーヒーセットA	33000			33000	9900	3300		13200	29700	13200	3300	46200	92400
コーヒーセットB	15840			15840	11880	1980		13860	45540			45540	75240
コーヒーセットC				[illegible]	[illegible]	[illegible]	[illegible]	[illegible]	4400		4400	8800	30800
コーヒーセットD				[illegible]	[illegible]	[illegible]	[illegible]	[illegible]	28000	5600		33600	33600
茶葉セットA	85800	9900	33[illegible]	[illegible]	[illegible]	[illegible]	[illegible]	[illegible]	161700	9900		171600	491700
茶葉セットB	73260	13860	3960	91080	5940	1980		7920		1980	1980	3960	102960
茶葉セットC	162800	30800		193600	70400	8800		79200	74800	13200		88000	360800
茶葉セットD	25200	8400		33600									33600
茶葉セットPREMIUM	54400	20400		74800		6800		6800	47600			47600	129200
総計	450300	83360	7260	540920	281820	55860	26400	364080	391740	43880	9680	445300	1350300

Column ピボットテーブルにフィルターを設定する

先程の[支払方法]をボックスの[フィルター]に設定することで、商品の月ごとの売上を支払方法別に表示することもできます。確認したい項目だけを表示したいというときに便利です。

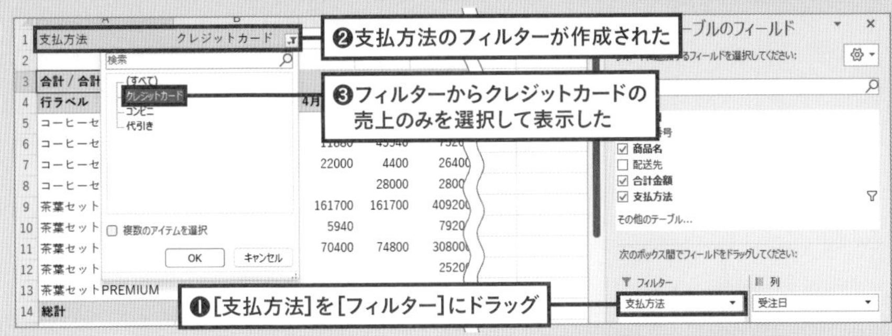

ピボットテーブルをもとにグラフも作成できる

ピボットテーブルで整理したデータをもとに、グラフを作成することもできます。❶[ピボットテーブル分析]タブから[ピボットグラフ]をクリックすると、❷[グラフの挿入]画面が表示されます。ここでは、横棒グラフを選択しました。

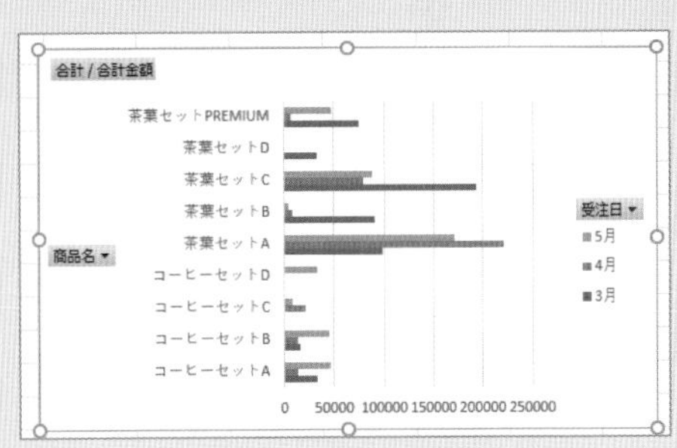

ピボットテーブルが上手く作成できない

ピボットテーブルを作成するためには、元となる表がピボットテーブルのいくつかの条件を備えている必要があります。データが同じ形式で入力されていなかったり、1行目の項目名が入力されていない場合、ピボットテーブルを適切に作成することができません。

ピボットテーブルを使う上でのチェックリスト

・データが同じ形式で入力されている
・1行目には項目名が入力されている
・項目名は1行(2行以上はNG)
・セルが結合されていない
・空白のセルがない

データの更新を忘れずに

元となる表に更新があっても自動でピボットテーブルに更新内容は反映されません。元の表を更新したら必ずピボットテーブルのシートにてデータの更新をしましょう。

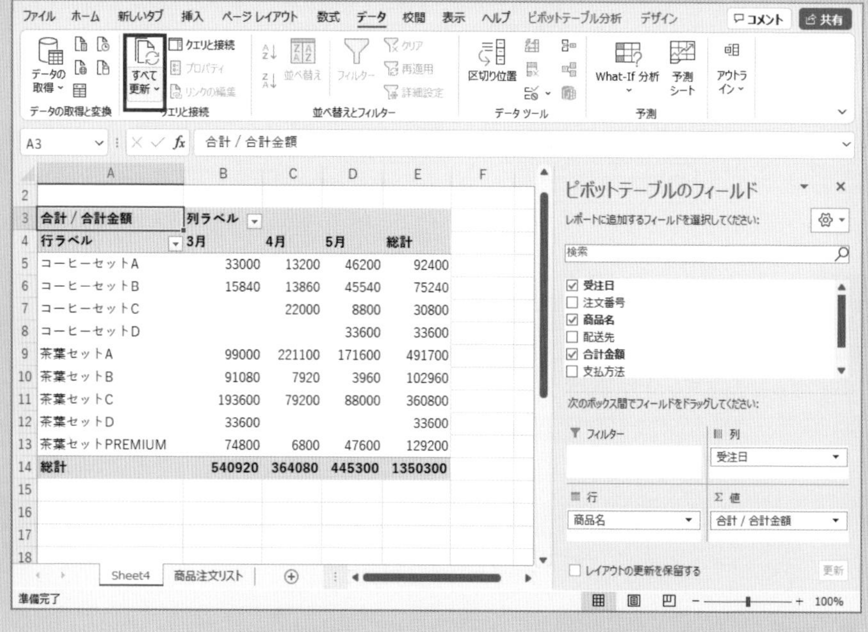

Chapter9

資料の作り込みに役立つ便利ワザ

ようやく完成した資料でも、いざ印刷すると思い描いていたイメージと違っていることはよくあります。特に正しくページに収まっているかどうかは印刷前にチェックしたいポイント。見やすくするためのテクニックも駆使して、文書としての完成度を上げていきましょう。

Point

01 思い通りに印刷したい！失敗しない印刷ワザをマスター

- ●印刷時はプレビュー画面でチェック
- ●余白サイズの設定で資料を見やすく印刷する

印刷結果をプレビュー確認して印刷する

文書の印刷時は、先に印刷結果をプレビューで確認するのが鉄則。よく表の一部が次のページにまたがっていたり、セル内の文字が表示しきれていなかったりします。コスト削減のためにも印刷のムダは避けましょう。

1 印刷プレビューを確認する

資料が完成して印刷をする際は、まず[ファイル]タブをクリックし、[Backstageビュー]を表示します。[印刷]を選択すると印刷プレビューが表示されました。[ページ設定]をクリックすると詳細を設定できます。

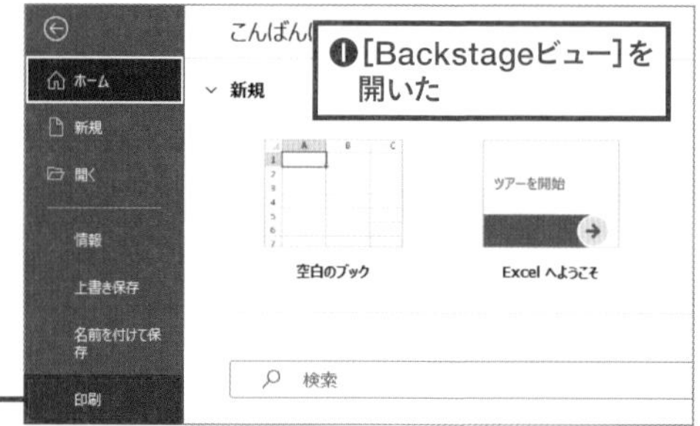

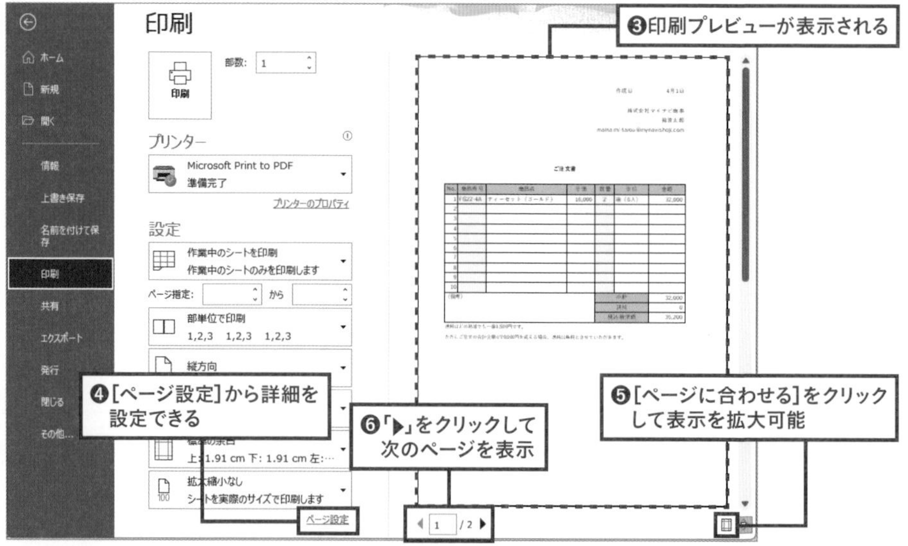

2 印刷する

プレビューに問題がなかったら、[部数]を設定して[印刷]ボタンをクリックして印刷します。[プリンター]にて、接続済みのプリンターが選択されているかも忘れずに確認しましょう。

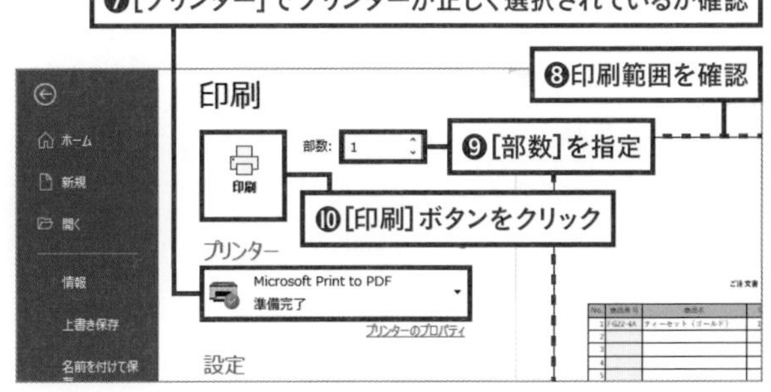

HINT 用紙サイズや縦横の向きにも注意

文書の印刷時は用紙のサイズや向きにも注意が必要です。❶作成した資料が横長であれば、❷[横方向]を選びましょう。同様に❸用紙サイズも変更が可能です。

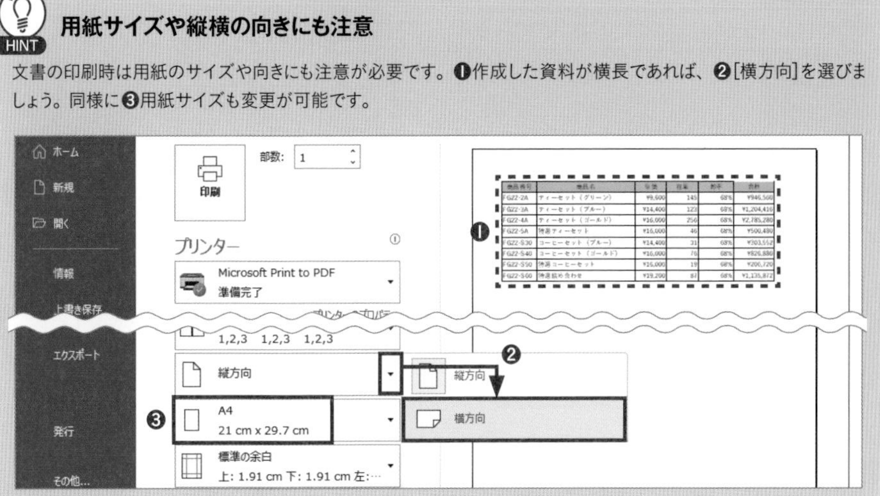

TIPS 表示中のシートが印刷される

上記の手順で印刷を実行すると、現在アクティブになっているシートがプリンター出力されます。複数のシートを同時に印刷したいときは、20ページの手順で印刷したいシートを複数選択し、その状態で[Backstageビュー]から[印刷]ボタンをクリックしましょう。

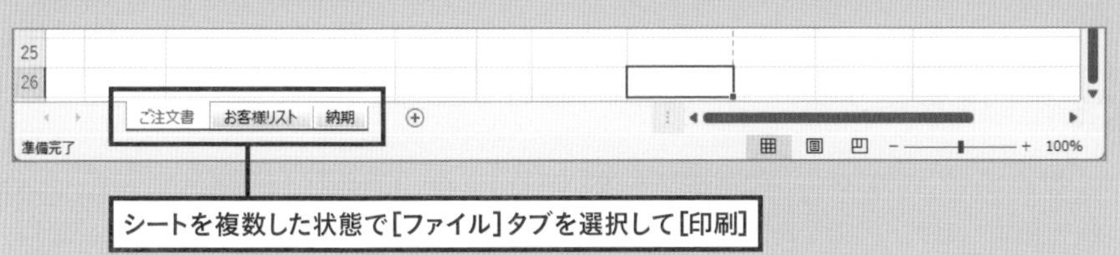

文書を1ページに収めたい！ 余白のサイズを調整する

作成した資料が用紙1枚に収まらず、中途半端に2ページになってしまった…こんなときは余白を狭くして調整する手があります。

1 [ユーザー設定の余白]を選択する

[Backstage]ビューの[印刷]画面から、[ユーザー設定の余白]をクリックします。

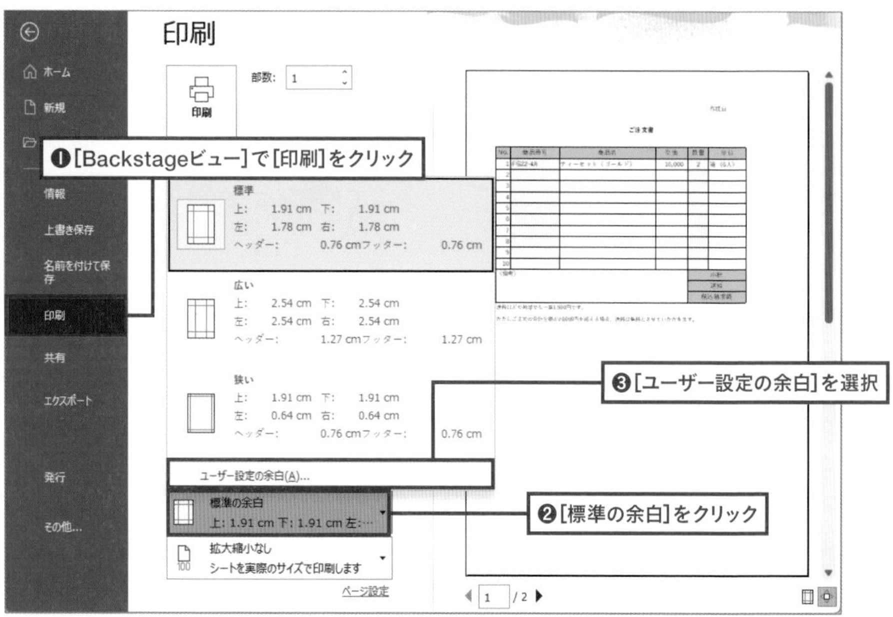

TIPS 余白を簡単に変更するには

[ユーザー設定の余白]をクリックして表示される[狭い]を選択すると、余白の数値を手軽に調整できます(Excelの規定の数値に設定されます)。

2 余白を設定する

[ページ設定]ダイアログの[余白]タブが表示されました。[上][下][左][右]の各ボックスに数値を指定します。余白をあまり狭くすると窮屈な印象になってしまうので注意しましょう。

❹[余白]タブが選択されている
❺任意の数値を選択
(ここでは左右の数値のみ変更)
❻クリック
ページ設定
ページ
余白
ヘッダー/フッター
シート
上(T):
1.9
ヘッダー(A):
0.8
左(L):
1.3
右(R):
0
下(B):
1.9
フッター(F):
0.8
ページ中央
水平(Z)
垂直(V)
オプション(O)...
OK
キャンセル

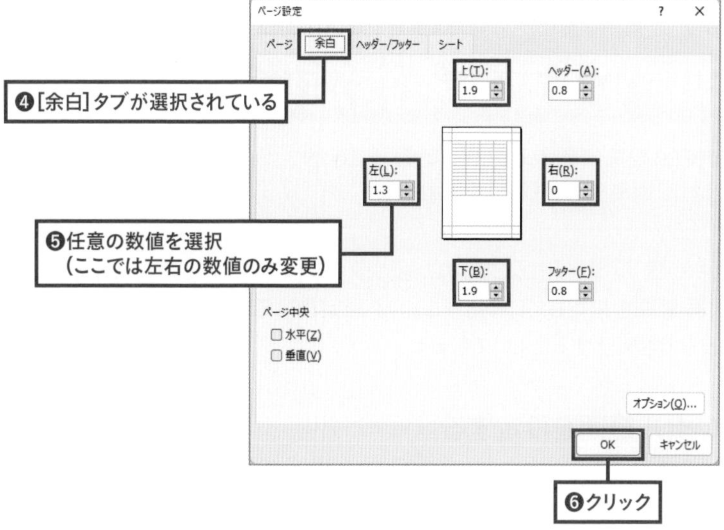

3 印刷ページ数が1ページに収まった

印刷プレビューを確認すると、印刷枚数が2ページから1ページに変更されました。

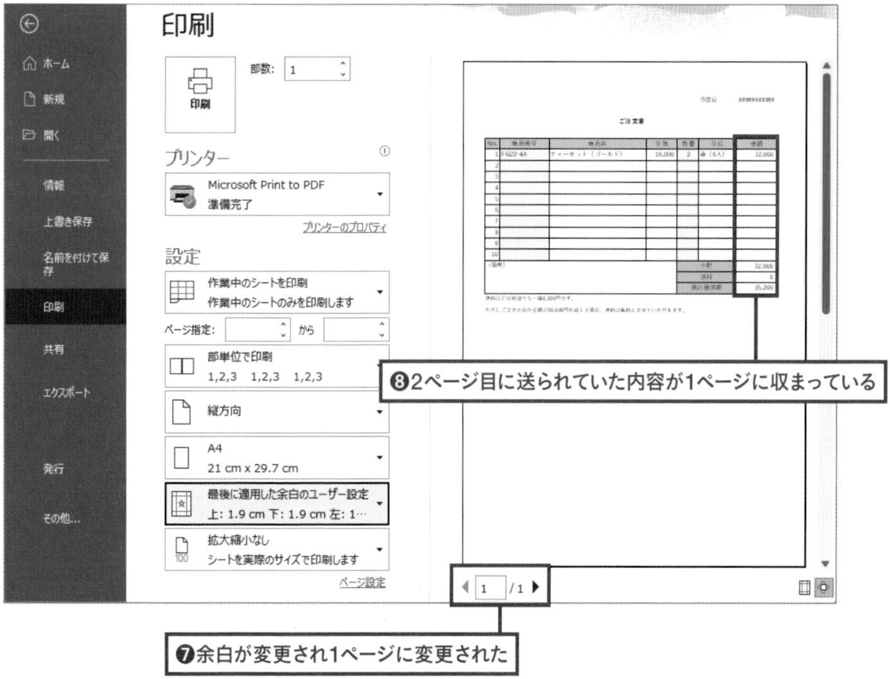

❽2ページ目に送られていた内容が1ページに収まっている
❼余白が変更され1ページに変更された
印刷
ホーム
新規
開く
情報
上書き保存
名前を付けて保存
印刷
共有
エクスポート
発行
その他...
部数: 1
印刷
プリンター
Microsoft Print to PDF
準備完了
プリンターのプロパティ
設定
作業中のシートを印刷
作業中のシートのみを印刷します
ページ指定:
から
部単位で印刷
1,2,3 1,2,3 1,2,3
縦方向
A4
21 cm x 29.7 cm
最後に適用した余白のユーザー設定
上: 1.9 cm 下: 1.9 cm 左: 1…
拡大縮小なし
シートを実際のサイズで印刷します
ページ設定
1
/1

02 シートの一部のみを印刷！印刷する範囲を指定したい

●シート内の必要な情報のみ選択して印刷できる
●印刷後は[印刷範囲のクリア]を忘れずに

特に指定を行わない限り、シートに入力された表やグラフはすべて印刷されてしまいます。ここではシートの印刷範囲を指定して印刷しましょう。設定後は印刷範囲が点線で表示されます。印刷プレビューでも確認するとよいでしょう。

1 印刷したいセル範囲を設定する

シート内の印刷したいセル範囲を選択します。[ページレイアウト]タブの[印刷範囲]から[印刷範囲の設定]をクリックしましょう。これで印刷範囲が設定されました。

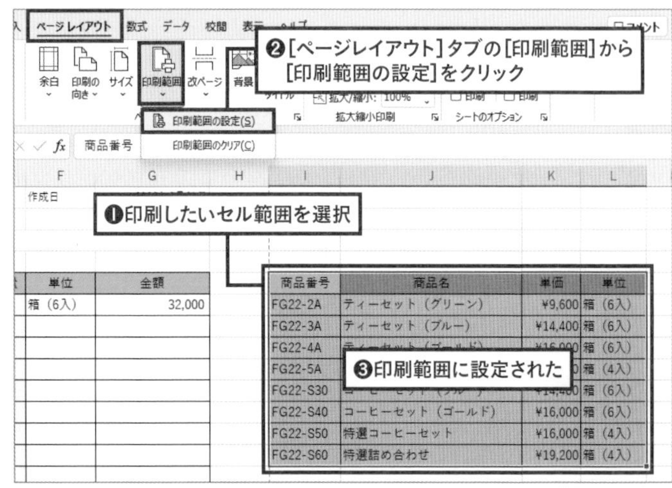

2 印刷する

[ファイル]タブをクリックして[Backstageビュー]を開きます。印刷プレビューに、指定した範囲だけが表示されました。問題なければこのまま[印刷]をクリックして印刷します。

印刷範囲を解除する

印刷範囲をクリアするには、最初の手順で[印刷範囲]→[印刷範囲のクリア]を選択します。

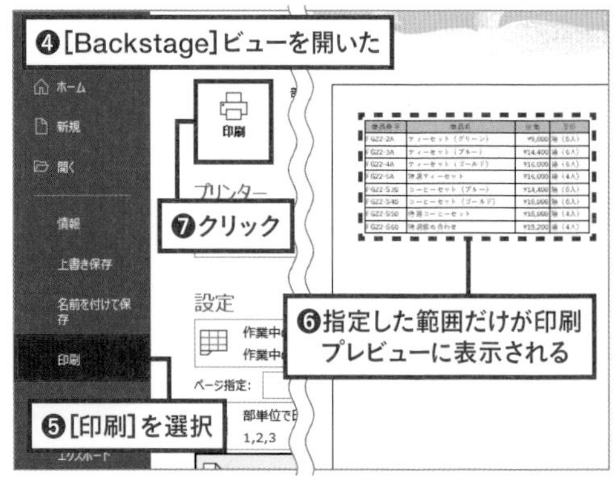

03 表の区切りのいい位置で改ページを指定したい

- [改ページの挿入・解除]で読みやすいページ配分を実現する
- ページ送りにしたい行・列を選択して改ページを挿入する

1ページに収まらないサイズの資料を印刷した場合、自動的に改ページが挿入されて次のページに送られます。改ページが中途半端な位置に挿入されてしまった場合は、区切りのいいところでページが変わるように指定しましょう。

1 改ページを挿入する

次ページの先頭となる行を選択し、[ページレイアウト]タブの[改ページ]から[改ページの挿入]を選択します。

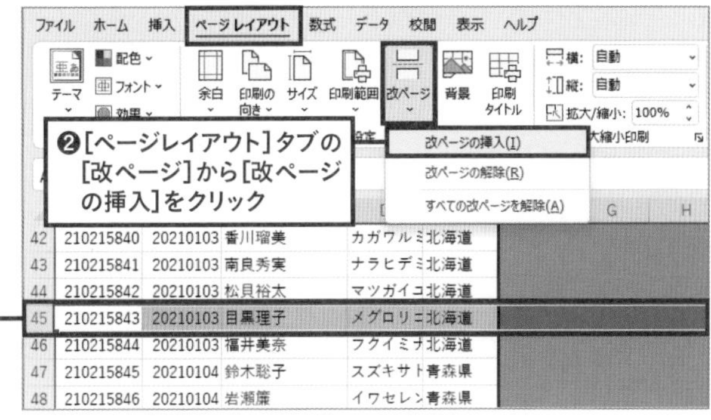
ファイル ホーム 挿入 ページレイアウト 数式 データ 校閲 表示 ヘルプ
改ページの挿入(I)
改ページの解除(R)
すべての改ページを解除(A)
❷[ページレイアウト]タブの[改ページ]から[改ページの挿入]をクリック
❶次ページの先頭の行を選択

2 改ページが設定された

青い改ページバーが表示され、指定の位置で改ページが挿入されたことがわかりました。挿入された改ページを解除するには、改ページを挿入した行を選択し、[改ページの解除]を選択します。

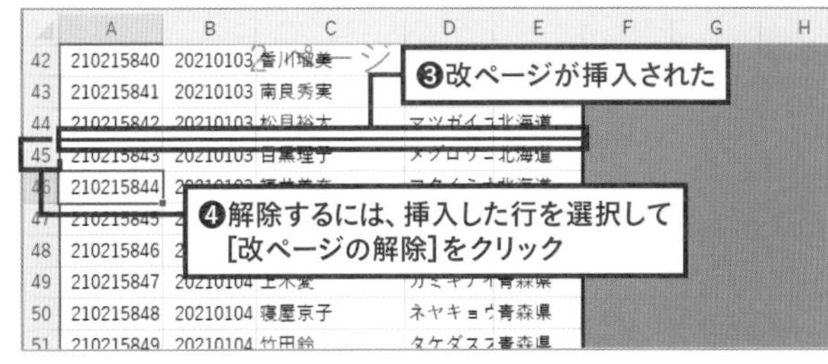
❸改ページが挿入された
❹解除するには、挿入した行を選択して[改ページの解除]をクリック

改ページプレビュー画面

ここでは改ページがどこで挿入されるかわかりやすいよう[改ページプレビュー]画面で作業を行いました。[表示]タブから[改ページプレビュー]を選択すると、上記のように改ページされる位置が青いバーで表示されます。改ページプレビューの状態では、青いバーの上にカーソルをあてて ドラッグして改ページ位置を変更することもできます。

04 文書の内容を削らず規定のページ数に収めて印刷したい

- 内容を拡大・縮小して印刷ページ数にあわせる
- 内容が多い場合には縮小されすぎて読めない恐れがあるので注意

提出する文書を規定の枚数に収める必要がある場合、これ以上内容を削れないなら、縮小して印刷してみましょう。ただしあまりにも文書内容が多いと、小さく印刷されてしまうので注意が必要です。

1 印刷ページを設定する

ここでは、2ページにまたがる内容のシートを1ページで印刷するように設定してみます。[ページレイアウト]タブの[拡大縮小印刷]グループの[横]と[縦]をそれぞれ[1ページ]に設定します。

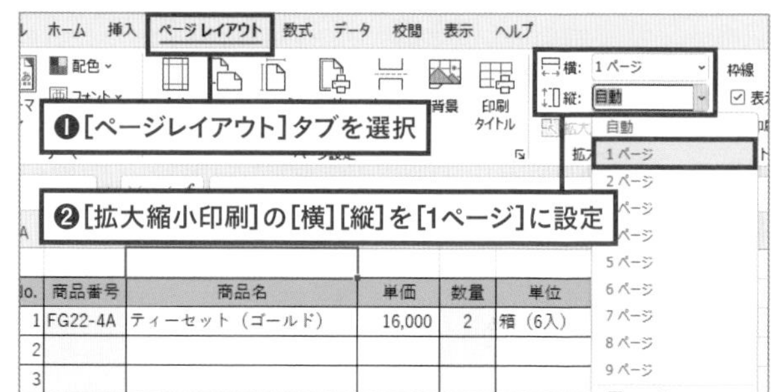
❶[ページレイアウト]タブを選択
❷[拡大縮小印刷]の[横][縦]を[1ページ]に設定

2 印刷画面が1ページに変更された

印刷プレビュー画面を確認すると、1ページに変更されました。すばやく印刷ページを設定したい場合は、[拡大縮小なし]をクリックして、[シートを1ページに印刷]を選択することでも設定ができます。

❸[Backstageビュー]から[印刷]を選択

❹印刷プレビューが1ページで表示された

❺ここでも変更が可能

05 複数ページにまたがる表は見出し行を全ページに表示して印刷する

Point

- 表の見出しをすべてのページに表示して印刷する
- 設定後、改ページの位置を確認する

作成した表が縦に長いため、複数のページにまたがってしまう場合は、各ページの先頭に見出し行を表示して印刷しておくと親切です。ただしこれによって改ページの位置がずれることがあるので、注意しましょう。

1 印刷タイトルを設定する

[ページレイアウト]タブから[印刷タイトル]をクリックします。[シート]タブを選択したら、[印刷タイトル]の[タイトル行]のテキストボックスをクリックして、各ページに表示する見出し行の行番号をクリックして入力します。

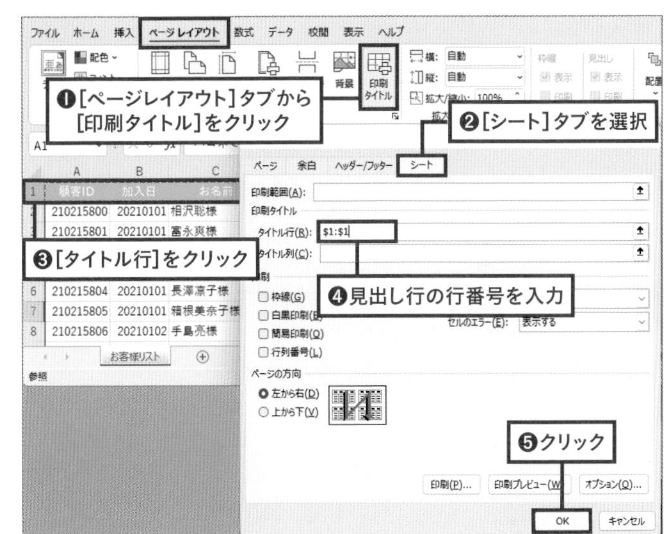
❶[ページレイアウト]タブから[印刷タイトル]をクリック
❷[シート]タブを選択
❸[タイトル行]をクリック
❹見出し行の行番号を入力
❺クリック

2 すべてのページに見出しが表示された

[Backstage]ビューから[印刷]をクリックして印刷プレビューを表示してみると、❹で設定した見出し行がすべてのページに表示されています。

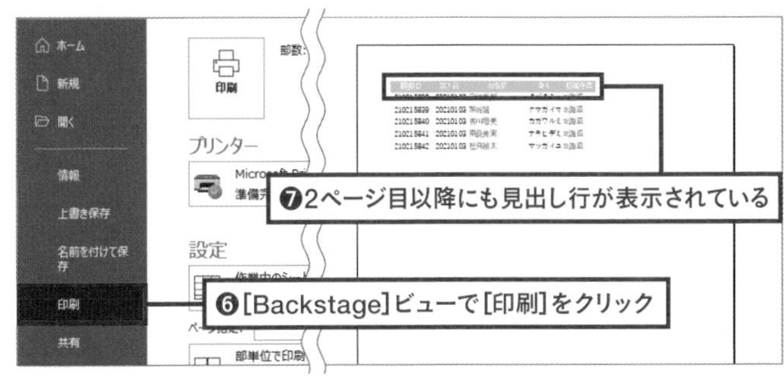
❼2ページ目以降にも見出し行が表示されている
❻[Backstage]ビューで[印刷]をクリック

06 ヘッダーやフッターを挿入して文章の情報を表示したい！

- ヘッダーとフッターはすべてのページに印刷される
- ページ番号や日付なども自動表示可能

ページ番号、日付、ファイル名といった文書の情報をページの上下端に常に表示することができます。ページの上部に表示されるのが「ヘッダー」、下部に表示されるのが「フッター」ですが、ここではヘッダーを追加して任意の文字列を入力してみます。

1 ヘッダーを挿入する

[挿入] タブの[テキスト] グループにある[ヘッダーとフッター]を選択します。

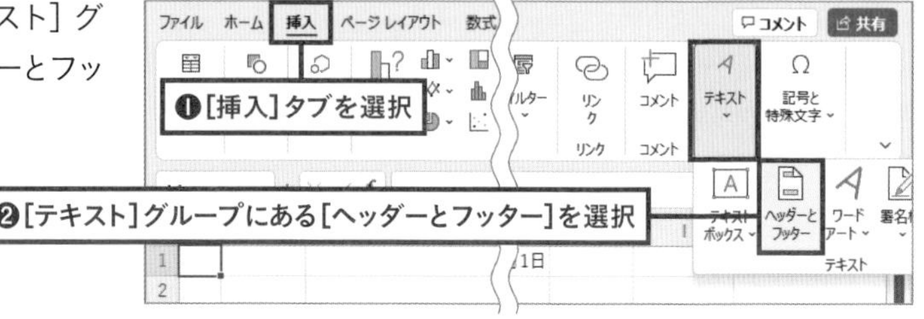

2 ヘッダーにテキストを入力する

すると、ページレイアウトビューに表示が変更され、ヘッダーを入力できる状態になりました。左端のヘッダーのテキストボックスをクリックして、文字列を入力します。入力が完了したら、ヘッダー以外の部分をクリックすると、ヘッダーが確定します。

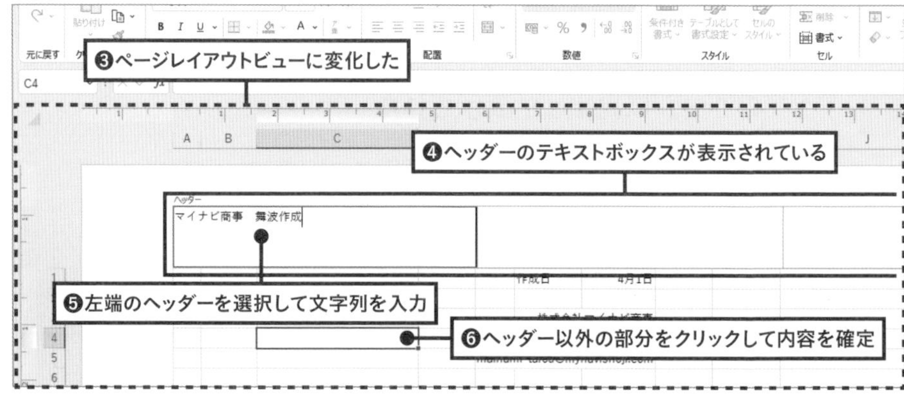

3 ヘッダーに日付を自動表示する

さらに、右端のヘッダーのテキストボックスを選び、[ヘッダーとフッター]タブの[現在の日付]をクリックします。ヘッダー領域に[&[日付]]と入力されました。シートのヘッダー以外の部分をクリックすると入力が確定します。

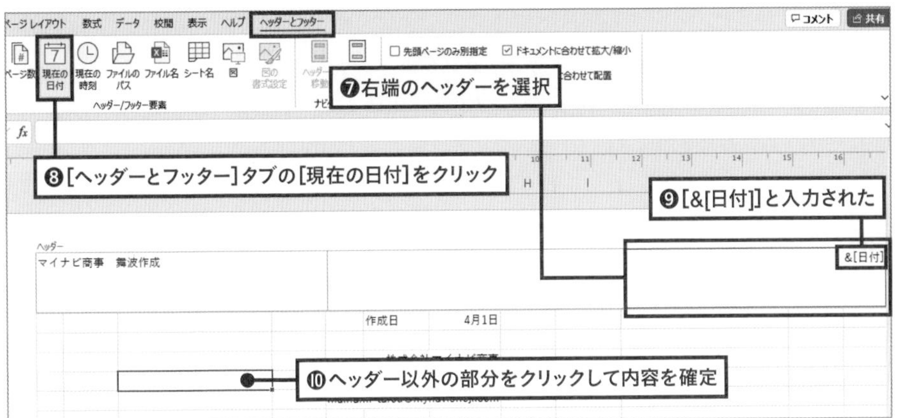
❼右端のヘッダーを選択
❽[ヘッダーとフッター]タブの[現在の日付]をクリック
❾[&[日付]]と入力された
❿ヘッダー以外の部分をクリックして内容を確定

4 [標準]表示に戻す

入力が終わったら、シートの表示を[ページレイアウト]から[標準]に戻しておきましょう。[表示]タブの[標準]を選択します。[標準]表示では、ヘッダーやフッターは表示されませんが、印刷プレビューを確認すると、2と3で入力したヘッダー情報が表示されています。

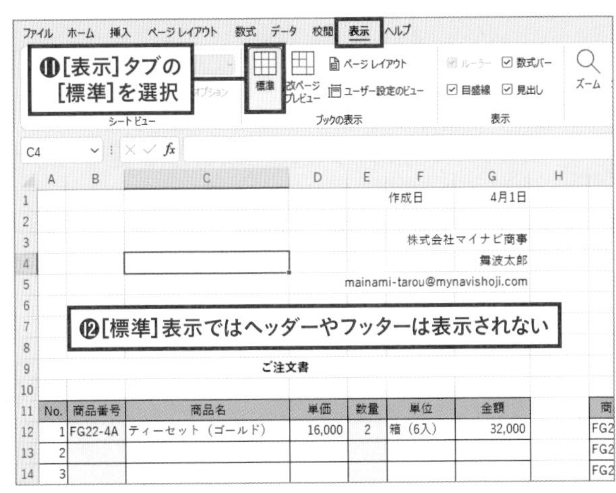
⓫[表示]タブの[標準]を選択
⓬[標準]表示ではヘッダーやフッターは表示されない

ヘッダーとフッターは左・中央・右の3カ所に入力できる

このようにヘッダーやフッターには文字列やページ番号、日付を表示することができます。入力できるボックスは、左・中央・右の3つが用意されていて、位置をそれぞれクリックして入力が可能です(ポインターを合わせると入力対象となる部分の色が変わります)。左部分のヘッダー(フッター)は左揃え、中央部分は中央揃え、右部分は右揃えとなります。

07 チーム内での回覧資料にコメントを残したい!

- コメント機能と類似した機能にメモ機能がある
- コメント機能では返信が可能

セルにコメントを入力する方法があります。文書の内容確認のためにチーム内でExcelを回覧していて、修正が必要な項目があることに気付いた時などに便利です。なお、コメントにはユーザー名も追加されます。

1 セルを選択してコメントを挿入する

コメントを付けるセルを選択し、右クリックして[新しいコメント]を選択します。

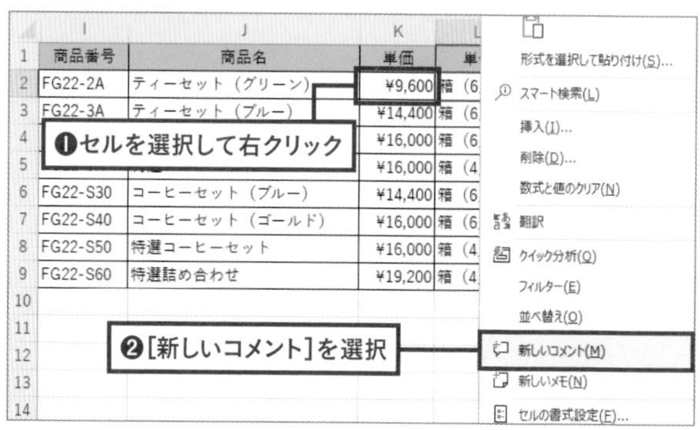

2 コメントを入力して[投稿]ボタンをクリックする

コメントを入力したら、[投稿]ボタンをクリックします。コメントがあることを示すインジケーターがセルの右上に表示されました。マークのあるセルにポインターを合わせると、コメントが表示できます。

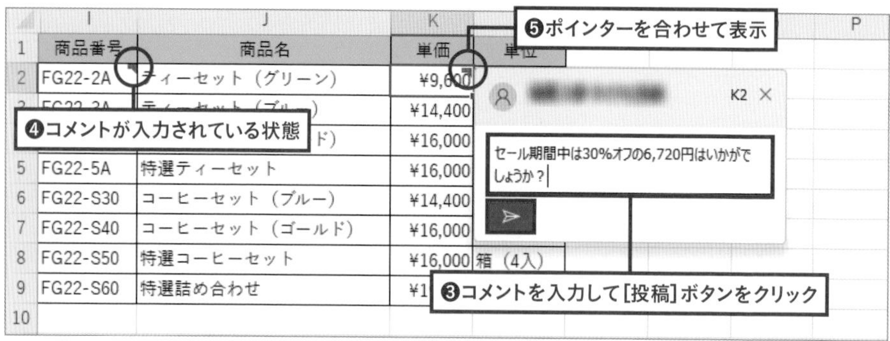

3 コメントに返信する

コメントに対して返信することもできます。ポインターを合わせて表示したコメントの[返信]ボックスを選択して、コメントを入力します。[投稿]ボタンを押すと、返信が送信され、元のコメントの下に表示されました。

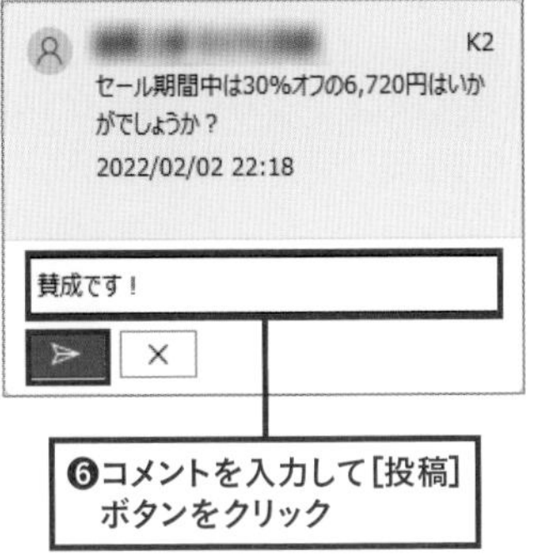

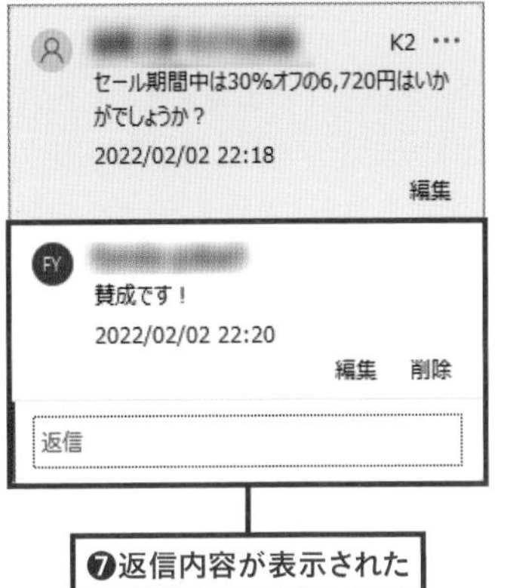

コメントとメモ機能の違い

コメントによく似た機能にメモ機能があります。メモ機能は、本文の手順❷にて[新しいコメント]の下にある[新しいメモ]をクリックして同じように入力できます。メモ機能はコメント機能と違い、返信を入力することができません。

	I	J	K	L	M	N	O
1	商品番号	商品名	単価	単位			
2	FG22-2A	ティーセット（グリーン）	¥9,600	箱（6入）			
3	FG22-3A	ティーセット（ブルー）	¥14,400	箱（6入）			
4	FG22-4A	ティーセット（ゴールド）	¥16,000	箱（6入）			
5	FG22-5A	特選ティーセット	¥16,000	箱			
6	FG22-S30	コーヒーセット（ブルー）	¥14,400	箱			
7	FG22-S40	コーヒーセット（ゴールド）	¥16,000	箱			
8	FG22-S50	特選コーヒーセット	¥16,000	箱（4入）			
9	FG22-S60	特選詰め合わせ	¥19,200	箱（4入）			

USER:
この商品、5月に5000個発注しました。

08 入力時の注意事項がわかるよう セルの選択時にメッセージ表示する

- セルが選択された際に特定のメッセージを表示できる
- 入力条件などを設定しておくことでデータ入力が円滑に！

Excelで入力シートを作成している場合、「全角20文字程度で英語で入力してほしい」など、入力条件を表示したいことがあります。情報を入力してもらう際に何か注意事項がある場合は、メッセージが表示されるようにするといいでしょう。

1 メッセージを入力する

セルを選択して[データ]タブから[データの入力規則]をクリックします。ダイアログが表示されたら[入力時メッセージ]タブを選択して、[セルを選択したときに入力時メッセージを表示する]にチェックを入れます。
[タイトル]と[入力時メッセージ]を入力したら、[OK]ボタンをクリックしましょう。

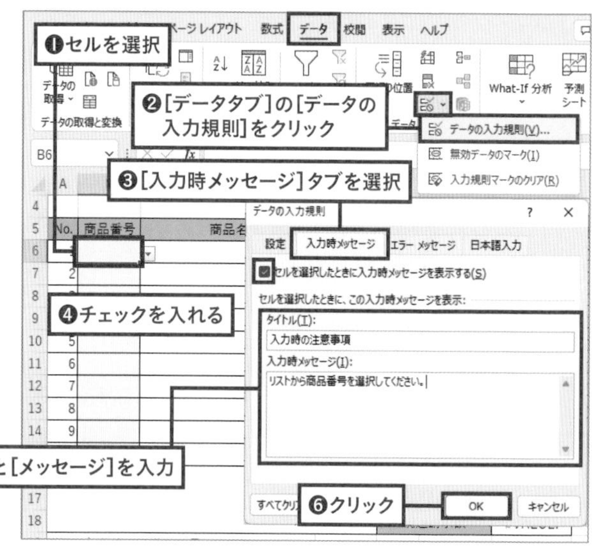

2 メッセージが設定された

セルを選択すると、メッセージが表示されました。削除するには[入力時メッセージ]タブに入力した文字列を削除して[OK]ボタンをクリックします。

❼セルを選択

入力時の注意事項
リストから商品番号を選択してください。

❽入力したメッセージが表示される

列幅がまったく異なる表を上下に複数配置したい！

- 異なる構成の表を同じページに配置できる
- 図としてコピーされた表は拡大・縮小も可能

複数の表を上下に配置したいとき、似たような構成の表組みならいいですが、セルの幅などが異なる内容だときれいに貼り付けができません。2つ目以降の表を図としてコピーして貼り付けることで、綺麗に表示することができます。

1 表を図としてコピーする

コピーしたい表のセル範囲を選択したら、[ホーム]タブの[コピー]から[図としてコピー]を選択します。[図のコピー]ダイアログにて、[画面に合わせる]と[ピクチャ]を選択して、[OK]ボタンを押します。

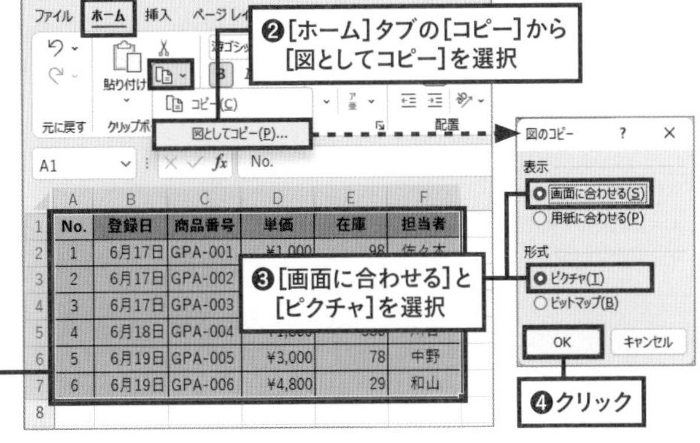

2 図を貼り付ける

貼り付け先の位置のセルを選択し、[貼り付け]をクリック([Ctrl]＋[V]でも可)しましょう。表が図としてコピーされました。これで列幅の異なる表を上下に並べることができました。

商品番号	商品名	単価	在庫	卸率	合計
FG22-2A	ティーセット（グリーン）	¥9,600	145	68%	946560
FG22-3A	ティーセット（ブルー）	¥14,400	123	68%	1204416
FG22-4A	ティーセット（ゴールド）	¥16,000	256	68%	2785280
FG22-5A	特選ティーセット	¥16,000	46	68%	500480
FG22-S30	コーヒーセット（ブルー）	¥14,400	31	68%	303552
FG22-S40	コーヒーセット（ゴールド）	¥16,000	76	68%	826880
FG22-S50	特選コーヒーセット	¥16,00[illegible]	[illegible]	[illegible]	[illegible]
FG22-S60	特選詰め合わせ	¥19,20[illegible]	[illegible]	[illegible]	[illegible]

No.	登録日	商品番号	単価	在庫	担当者
1	6月17日	GPA-001	¥1,000	98	佐々木
2	6月17日	GPA-002	¥1,200	32	三好
3	6月17日	GPA-003	¥1,350	419	花本
4	6月18日	GPA-004	¥1,800	380	川合
5	6月19日	GPA-005	¥3,000	78	中野
6	6月19日	GPA-006	¥4,800	29	和山

❺選択して[貼り付け]をクリック
❻図としてコピーされた

Sheet1 (2) Sheet1

【記号】

【アルファベット】

【あ行】

【か行】

【さ行】

【た行】

【な行】

【は行】

【ま行】

【ら行】

STAFF
ブックデザイン　納谷 祐史
DTP　AP_Planning
担当　古田 由香里

Excel 2021&2019&2016&2013 目指せ達人 基本&活用術

2022年3月22日　初版第1刷発行

著者　Excel基本＆活用術編集部

発行者　滝口直樹

発行所　株式会社 マイナビ出版
〒101-0003　東京都千代田区一ツ橋2-6-3　一ツ橋ビル 2F
TEL：0480-38-6872（注文専用ダイヤル）
TEL：03-3556-2731（販売）
TEL：03-3556-2736（編集）
編集問い合わせ先：pc-books@mynavi.jp
URL：https://book.mynavi.jp

印刷・製本　株式会社ルナテック

ISBN：978-4-8399-7924-9